KB143239

거목을 찾아서

쉬자쥔 지음 김지민 옮김

한 식물학자의 거대 수목 탐험 일기

거목을 찾아서

글항아리

일러두기

- 각주는 옮긴이 주이며 저자 주의 경우 '원저자'를 추가로 표기했다.
- 본문에 등장하는 타이완 고유종 식물의 학명은 타이완 임무국과 중앙연구원이 공동으로 운영하는 타이완생명대백과(臺灣生命大百科)와 타이완 행정원농업위원회 특유생물 보육센터에서 운영하는 타이완 야생식물 데이터베이스(野生植物資料庫) 사이트를 참고했다. 국명은 산림청 국립수목원의 국가표준식물목록을 참고했으며, 아직 한국에 널리 소개되지 않아 국명이 확립되지 않은 식물명은 한자 독음으로 쓰고 학명을 병기했다.
- 본문에서 큰 나무를 가리키는 단어인 거목巨木과 신목神木을 나누는 기준은 명확하지 않으나, 타이완 임무국의 자연 자원 및 생태 데이터베이스(自然資源與生態資料庫)에서는 아래와 같은 기준으로 그 둘을 구분하고 있다.

<table>
<tr><th>분류</th><th>가슴 높이 지름</th><th>나무 나이</th><th>기타 조건</th><th>부대 조건</th></tr>
<tr><td rowspan="2">초급超級 신목</td><td>12미터 이상(홍회)</td><td rowspan="2">2000살 이상</td><td rowspan="2">명명자 있음</td><td rowspan="2">임반 안에 있을 것</td></tr>
<tr><td>8미터 이상(편백)</td></tr>
<tr><td rowspan="2">신목</td><td>10미터 이상</td><td rowspan="2">1000살 이상~2000살 이하</td><td rowspan="2">명명자 있음</td><td rowspan="2">임반 안에 있을 것</td></tr>
<tr><td>12미터 이하(홍회)</td></tr>
<tr><td rowspan="2">거목</td><td>6미터 이상</td><td rowspan="2">500살 이상~1000살 이하</td><td rowspan="2">명명자 있음</td><td rowspan="2">임반 안에 있을 것</td></tr>
<tr><td>10미터 이하(홍회)</td></tr>
</table>

차례

추천사 7

서문 22

수관층 세계

시작점: 한 그루의 나무는 하나의 생태계 27
타이완삼나무 치라이씨와의 약속 36
타이완미송과의 뜻밖의 만남 44
회목 우듬지의 공중 정원 53
구름 위의 수관층: 쉐산 추이츠 61

우리가 몰랐던 거목

유리 건판 속의 타이완삼나무 73
속박된 옛 영혼 82
타이완삼나무 세 자매 94
남십자성 아래의 타이완삼나무 106
'환영'은 어디까지나 환영 114
태즈메이니아의 유칼립투스 126

타이완 최고의 나무를 찾아서

구이후 산간지대의 타이완삼나무 141
단다 산간지대의 거목 149
청대 바퉁관 고도의 거목 삼림 158
선무촌의 녹나무 할아버지 166
난컹강 신목 발견의 전말 174
타오산 신목 탐사 기록 186

수관층 생태의 숨겨진 이야기

착생식물이라는 세입자 201
거목이라는 집주인 212
중해발고도의 운무대:
착생식물이 가장 좋아하는 노른자위 220

추천사 1

시와 같은 존재

-장위안즈張元植(신세대 등산가, '나무를 찾는 사람들' 객원 멤버)

자쥔이 준 문서를 펼쳐 1장을 본 순간, 종이 위로 그의 얼굴이 생생히 떠오르며 그가 내게 말을 거는 듯한 착각이 들었다. 자쥔은 이토록 솔직하게, 마음속의 온갖 생각과 감정을 종이 위에 쏟아놓을 줄 아는 사람이다.

자쥔과 언제 처음 만났는지는 기억나지 않지만, 우리가 암벽 등반을 하다가 만났다는 것은 분명히 기억한다. 자쥔이 거목 탐사를 시작했을 무렵일 것이다. 기억나는 일은 또 있다. 어느 날 대화를 하던 중 그가 자주 받는 질문이 화제에 올랐다. "나무에 오르는 게 사회에 무슨 도움이 되나요?" 자쥔은 이 같은 질문을 굉장히 언짢아했다. 좋아하는 것으로는 부족해? 반드시 사회에 도움이 돼야만 해?

나는 깊이 공감했다.

나 역시도 생산성 없는 일을 하며 30여 년 중 반평생을 보낸 오만한 사람이기 때문이다. 또한 자쥔과 마찬가지로 '등반이 사회에 기여하는 바'와 같은 질문에 자주 맞닥뜨리곤 했다. 사회의 지원을 받으며 자아를 실현하는 사람이라면 누구나 이런 물음에 직면하게 될 것이다. 나야 당연히 그럴듯한 답변을 몇 가지 댈 수 있지만 한편으로는 잘 알고 있기도 하다. 그런 답변들이 모두 우회적이고, 과장된 의미가 덧붙여진 것들이란 사실을 말이다.

사람이 어떤 일에 자발적으로 나서는 심리의 본질은 마음에서 우러나온 모종의 부름에 있다. 마치 사랑처럼, 그 상대는 도저히 저항할 수 없는 흡인력을 발휘한다. 나에게는 그게 등반이고, 자쥔에게는 그게 거목이다. 여기에는 아무런 연유도 없거니와 그 연유를 설명할 수도, 설명할 필요도 없다. 당연히 자쥔은 이렇게 쓸데없는 소리를 길게 하지도 않았다. 자쥔의 대답은 단 한마디였다. "내가 좋아하니까."

이런 면을 보면 때때로 우리가 동류라는 느낌이 든다.

타이완 사회는 이해득실을 지나치게 따진다. 어릴 적부터 성과주의에 매몰되는 탓일까. 시간을 들여 무엇이라도 읽을라치면 이런 질문이 따라붙는다. 시험에 나올까? 나이를 먹으면 이 질문은 이렇게 바뀐다. 그만한 가치가 있어? 돈이 돼?

얼마 전 쉐산雪山에서 국립타이완대학 천문물리연구소의 학생들과 마주쳤다. 그들은 이동하는 내내 사제 관측기로 무언가를 수신하고 있었다. '뮤온'이라고 불리는 그 무언가는 우주를 구성하는 기본 입자로, 우리는 시시각각 그 뮤온 속을 지나고 있다. 철골과 시멘트로 지은 커다란 빌딩에 숨어 있더라도, 지하 100미터에 숨어 있더라도 말이다. "이걸 연구해서 어디에 쓰는데요?" 당시 내가 인솔하던 한 손님이 물었다. "모르겠어요. 근데 재밌잖아요." 그들은 잠시 생각하다가 곧이어 이렇게 덧붙였다. "18세기에 프랭클린이 전기를 연구했을 때도 전기로 뭘 할 수 있는지 몰랐대요." 이 보충 설명이 곁들여지는 바람에 다시금 성과주의적 사고 논리에 빠지게 됐지만 말이다. 그러나 인류의 역사를 돌아보면 딱히 써먹을 데는 없지만 아름다운 것들이 훨씬 더 많지 않은가. 이를테면 시詩라든가. 거목도 어쩌면 시와 같은 존재에 가깝지 않을까.

이 책의 마지막 장 첫머리에 나오는, 타오산桃山 신목 찾기가 보물찾기 같다는 대화의 주인공은 바로 나와 자쥔이다. 자쥔의 기억이 흐릿해진 건지는 몰라도, 내 기억으로는 우리가 산에서 절반 정도 내려와 완만한 능선을 지날 때 그 대화가 오갔다. 그곳에는 회목檜木*을 주인공으로 한 숲이 펼쳐져 있어 우리는 그곳을 새 편백 신전神殿이라고 불렀다. 이 대화를 나누고 잠시 후, 나는 고요한 거목 사이에서 고개를 들었다. 그러자 수관樹冠** 위로 부옇게 안개 낀 하늘과 이따금 내리쬐는 빛이 숲 그늘 아래에서 굽이치는 모습이 보였다. 거목들은 그곳에 고요히 우뚝 솟아 있어, 영원불멸한 시간의 흐름이 구체적인 형태를 갖춘 채로 눈앞에 펼쳐진 듯했다. 그 순간 나는 조금 감동했다.

* 홍회紅檜, Chamaecyparis formosensis와 타이완편백台灣扁柏, Chamaecyparis obtusa var. formosana(이하 편백) 두 종류의 나무를 아울러 이르는 말.

** 가지와 잎이 무성한 수목의 윗부분.

그리고 시와 비슷한 무언가를 어렴풋이 느꼈다. 다시, 또다시, 이 '나무를 찾는 사람들'을 산으로 끌어들이는 그런 것을.

추천사 2

당신은 나의 눈

-양위쥔楊玉君(타이완 국립중정대학 중문학과 교수)

인생을 살아가며 만났던 몇몇 특별한 나무는 아직도 내 기억 속에 크고 무성한 그늘을 드리우고 있다.

미국 유학 시절, 프린스턴시 근교에는 약 2만6000제곱미터 넓이의 배틀필드공원이 있었다. 그곳의 드넓은 초원에는 늙은 참나무가 홀로 우뚝 서 있었다. 이 거대한 참나무는 무성한 나뭇가지와 잎을 갖고 있진 않았지만, 주변에 나무라고는 이 참나무 한 그루뿐이었기에 그 유일하고도 빼어난 자태에 경외감이 들었다. 공원 근처의 프린스턴고등연구소에서 출발해 숲을 지나 그곳에 도착할 즈음이면 오후의 햇볕이 농밀한 수관을 비추고 풀밭까지 금빛으로 물들이고 있었다. 이 광경은 아직도 내 머릿속에서 지워지지 않고 선명하게 남아 있다.

타이완으로 돌아와 교편을 잡은 초기 몇 년간은 여러 도시를 빈번하게 오갔다. 차를 몰고 일정한 코스를 다닐 때마다 보았던 큰 나무들은 나의 이정표가 되어주었고, 길을 확인하며 그들의 매력적인 자태를 틈틈이 엿볼 수도 있었다. 어느 해 봄, 운전을 하다 수관에 꽃이 흐드러지게 핀 모습이 마치 보랏빛 안개에 둘러싸인 것 같은 멀구슬나무를 보았을 때는 당장이라도 차에서 내려 그 광경을 구경하고 싶었다. 또 도랑 옆에 있던 비스코피아 야바니카의 튼실한 나무줄기에 남아 있는, 마치 딱지 진 상처를 닮은 벌Burl*을 봤을 땐 이 나무가 겪었을 그간의 비바람을 상상할 수 있었다. 마을의 수호신처럼 여겨졌던 비스코피아 야바니카도 있었는데, 그것의 든든한 나뭇가지와 풍성한 수관이 거대한 브로콜리 같아 웃은 적도 있다. 고속도로 옆에 있던 녹나무는 한쪽 나뭇가지가 바깥쪽으로 뻗어 있는 형태가 꼭 인사하는 것처럼 보였는데, 그 옆을 지날 때면 나도 손을 흔들어 인사를 받아주고 싶었다. 나무 밑에 조그마한 사당을 지어놓고 그것을 이색적인 토지신처럼 모시고 있는 큰 나무 어르신도 빼놓을 수 없다. 형태가 독특하거나 전설이 얽혀 있는 반들고무나무, 상사수相思樹, Acacia confusa, 팽나무는 내 지도에서 그들을 처음 만났을 때의 기억과 풍경을 떠올리게 하는 표식이 되었다.

정작 나와 자쥔이 처음 알게 된 계기는 큰 나무와는 아무 관련이 없다. 내가 블로그를 하던 시절, 자쥔이 촬영한 각종 식물 생태 사진을 내려받으며 나무에 빠져든 게 그 시작이었다. 우리 두 사람은 여가를

---

* 나무가 자라는 과정에서 바이러스에 감염되거나 상처가 아물며 생기는 혹 같은 부위로, 무늬가 독특해 비싼 값에 팔리기도 한다.

즐기는 방식이 천양지차지만 이야기를 나누는 새 어느덧 10년 이상의 시간을 친구로 지내고 있다. 자쥐이 나무에 오르기 시작한 덕에 나무를 감상하는 내 시야의 고도도 함께 끌어올려졌다. 문명이라는 정글에 익숙해진 내 육체는 위험을 무릅쓰고 높은 곳에 올라가거나 깊은 산과 숲에 들어갈 능력이 없다. 반면 자쥐은 가시밭길을 헤치며 인적이 드문 곳까지 가 우뚝 솟은 거목을 촬영하기도 하고, 수십 미터 높이의 우듬지*에 올라 산과 골짜기를 내려다보기도 한다. 나는 나무를 수직으로 감상하는 걸 상상조차 해본 적이 없다. 그저 화면 앞에 앉아 입을 벌린 채 소리 없이 찬탄하며 현대의 과학기술이 선사하는 놀라운 경험을 공유할 뿐이다.

공유라는 단어가 나왔으니 말인데, 사실 우리가 공유할 수 있는 것은 자쥐이 경험한 것의 1만분의 1에 지나지 않는다. 산의 자욱한 안개, 구름이 지나간 뒤의 하늘이 연출하는 다채로운 경치, 숲속의 나뭇가지와 잎이 풍기는 싱그러운 향기, 벌레의 울음과 새의 노래, 계곡의 물살이 빚어내는 자연의 소리, 피부로도 느낄 수 있는 공기 중의 신성한 고요함은 어떻게 해도 그대로 재현할 수 없다. 늘 타이완의 산림에 녹아들어 자연과 사람이 하나 되는 행복을 체험할 수 있다니, 자쥐은 복을 타고난 사람이 아닐까.

* 나무의 꼭대기 줄기.

더없이 높은 곳과 더없이 작은 것

자쥔을 안 뒤 나는 착생식물이 무엇인지 어렴풋이 이해하게 됐다. 대지를 뚫고 수십 미터나 자란 회목의 수관에는 각종 착생식물이 이뤄낸 별세계 같은 공중 식물원이 있다는 사실도 자쥔의 눈을 통해 알았다. 그러한 광경을 직접 볼 일이 없는 우리 같은 사람들에게는 자쥔이 전해주는 이야기가 태양계 밖에 인류가 사는 또 다른 별이 있다는 말처럼 놀랍게만 들린다. 엽란으로 이루어진 공중 화원이라니, 상상만으로도 황홀해진다. 자쥔이 제기한, 한 그루의 나무는 하나의 생태계라는 개념은 더욱 감탄스럽다. 까마득히 높고 큰 나무에 착생하는 온갖 생물 중에는 선태식물*, 지의류**뿐만 아니라 육안으로는 구별할 수조차 없이 극히 작고 은밀한 진균류***, 조류****도 있다. 거목은 겨자씨 속에 수미산을 품은 듯한 대비를 통해 우리가 그 속에 담긴 이치를 깨닫기를 기다리며, 모종의 오묘한 비밀을 암시하고 있는 듯하다.

자쥔처럼 민첩하고 지혜로운 사람은 나처럼 서재에 앉아 고통스럽게 생각에 잠기지 않는다. 자쥔은 아는 것을 즉시 행동에 옮겨 질문하고, 계획하고, 실행한다. 큰 나무가 바로 그의 텍스트다. 자쥔은 그 텍스트를 정독하고, 체계를 파악하는 자신의 능력과 안목을 동원해 바람 맞은 가장귀나 태양을 향해 뻗어나온 나뭇잎으로부터 수관층의 미

---

* 관다발 조직이 발달하지 않은 식물.
** 조류와 균류가 공생하는 식물군.
*** 몸이 균사로 되어 있고 엽록소가 없어 기생 또는 착생 생활을 하는 균류.
**** 물속에서 생활하는 하등 식물의 한 무리.

기후微氣候*가 생태에 끼치는 영향을 분석한다. 자쥔과 '나무를 찾는 사람들'은 홍회의 텅 빈 나무줄기 안으로 깊이 들어갔다가 그곳에서 커다란 나무의 보호를 받는 풍성한 생태계를 발견하기도 했다. 이는 문학 작품을 읽다가 텍스트에 숨겨진 뜻을 발견하는 것과 같은 일이다.

나이 많은 거목은 그 자체가 장편 소설이나 마찬가지다. 표면의 상흔에는 매해 비바람과 천둥, 번개 및 무수한 외부 충격을 버텨낸 흔적이 새겨져 있다. 그 상흔 하나하나가 이 나무의 삶을 이야기하는 셈이다. '나무 타기의 여왕' 자쥔도 어느 날 갑자기 하늘에서 뚝 떨어져 단숨에 우듬지에 올라선 게 아니다. 인간의 육신으로 나무에 오르는 게 잭이 콩나무에 오르는 것처럼 순조로울 리 없다. 나는 자쥔이 스키, 암벽 등반, 카누, 스피닝, 컬링 등 각종 운동에 도전하는 모습을 오랫동안 봐왔다. 이는 그의 개인적인 흥미 때문만은 아니고, 나무에 오르는 능력을 단련하기 위해서였다. 자쥔은 고강도 훈련과 고난도 나무 타기 프로젝트로 인해 다친 적도 있다. 때로는 아연실색할 만큼 심각한 부상을 입은 적도 있는데, 그때마다 친구들은 그의 혹사당하는 육체에 안쓰러움을 느낀다. 다행히 자쥔은 한의학을 배워 건강도 잘 관리하고 있다. 지금 나는 자쥔의 육체와 영혼이 아름다운 나무처럼 오래도록 푸르기를, 나뭇잎처럼 싱싱하기를 바란다. 아울러 이 책이 모두에게 나무를 소중히 여기는 마음을 일깨우고, 수관이 그늘로 묘목을 보호하듯 산림 보호에 대한 만인의 공감대를 끌어낼 수 있을 것이라

* 지면에 접한 대기층의 기후.

믿는다.

그러면 장자莊子도 수염을 꼬며 미소 지을지도 모른다. '거목의 쓰임새는 크게 쓰기 위한 것이니라巨木之用, 是爲大用!'

이를 서문으로 삼는다.

추천사 3

우정의 고도는 70미터

-란융샹藍永翔/스카이(오리건주립대학 박사 후 연구원)

자쥔을 처음 만난 건 2014년 쉐바雪霸국가공원에서 개최한 수관층 국제심포지엄에서였다. 우리 둘은 처음 만난 사이였지만 푸산福山식물원의 자갈길을 걸으며 즐겁게 이야기를 나눴다. 몇 주 후에는 내가 몇 년 전 한 선배와 로프 장비를 설치해둔 치란棲蘭의 편백 표본 구역에 있는 나무에 함께 오르기로 약속까지 했다. 당시 자쥔은 착생식물은 잘 알았지만 로프를 다루는 기술에는 서툴렀다. 반면 나는 착생식물에 관해서는 아무것도 몰랐지만 로프를 이용해 나무 위 세계에 머무는 것에는 도가 텄었다. 이렇게 배경이 다른 두 사람이 고작 몇 분 만에 의기투합하는 모습은 좀처럼 상상하기 힘들지 않을까(어쩌면 그렇게까지 상상하기 힘든 모습은 아닐지도).

수관층을 연구하는 많은 학자와 달리 나는 나무의 생태 시스템에 흥미를 갖기 전부터 나무 오르기를 좋아했고, 높은 나뭇가지에 앉아 풍경 바라보기를 즐겼다. 그렇게 나무 위에 머무는 시간이 길어지자 자연히 그들에 대한 호기심이 생기기 시작했고, 고개를 돌려 나무 위의 환경을 관찰하게 되었다. 그들의 생리를 알고 싶었고, 이 큰 나무들이 생존이라는 도전에 어떻게 맞서고 있는지 이해하고 싶었다. 처음 수관층 연구에 빠져들었을 때는 아무래도 혈기가 왕성하다 보니, 가장 나이 많고 커다란 수종에 올라가고 싶다는 무모한 생각만 했다. 그래서 처음부터 몇백 살, 심지어 몇천 살이나 먹은 나무를 연구하겠답시고 원시 침엽수림의 우듬지를 탐색했지만, 한참이 지난 뒤에야 깨달았다. 사실 그들은 연이 닿아야만 만날 수 있는, 억지로 연을 맺을 수 없는 나무라는 사실을 말이다. 그러나 큰 바다를 보고 나면 평범한 물은 물로 보이지 않는 법. 나는 이 까마득히 높은 세계를 떠날 수가 없었다. 나는 여전히 나무 위에서의 시간을 즐겼고, 이 커다란 나무들을 연구하는 순간을 즐겼다. 나무 그 자체에서부터 나무 위의 생태와 환경 또 수관층에 사는 생물과 미생물에 이르기까지, 풍부하고 다양한 연구 소재가 나의 온갖 호기심을 충족시켰다.

요 몇 년 새 타이완에서는 트리 클라이밍이 성행하게 되었다. 사람들도 자연 생태계를 더욱 중시하게 되었고, 그에 대한 이해도도 점점 높아지고 있다. 하지만 2005년까지만 해도 트리 클라이밍 기술을 이용해 수관층을 연구한다는 건 대단히 전위적인 방법이었다. 함께 나무에 올라 연구할 수 있는 동료도 매우 드물었다. 당시에는 내가 나무에 올랐던 이야기를 꺼내면 사람들은 도무지 이해할 수 없다는, 당황스럽다는 눈빛을 보내왔다. 나무 위의 세계가 그렇게 넓고, 연구할 만한 주제가 오만 가지나 있는데도 함께 이것저것을 시도해볼 만한 동료를 찾는 건 결코 쉽지 않았다. 그래서 자쥔이 편백에 가득한 착생식물을 보고 기뻐하며 그 놀라움을 나누려 했을 때 (비록 그 내용이 무슨 뜻인지 이해하진 못했지만) 나는 드디어 동료를 만났다는 정체불명의 기쁨을 느꼈다. 자쥔과 브라이언을 알게된 뒤 우리 셋은 (한동안) 나무 타기 삼총사가 되었다. 자쥔은 늘 뛰어난 아이디어를 내놓았고, 나는 기술 방면의 문제를 담당했으며, 브라이언은 무거운 로프와 장비를 책임졌다(히히). 나중에 뤄羅 코치와 극락조가 합류한 뒤에는 나무 타기 동아리의 기술 수준도 올라갔다. 우리는 함께 아름답고, 나이 많고, 커다란 나무에 올랐고, 모임에 '야생 나무 탐사 동아리'라는 적당한 이름도 붙였다. 그러나 즐거움도 잠시, 나는 유학을 가게 되었다. 그 뒤로는 야생 나무 탐사 동아리의 해외 파견 멤버로서 더욱 높고 큰 나무에 올랐고, 미국 서부에서 나만의 나무 타기 지도를 만들기도 했다. 자쥔도 자신만의 거목 지도를 계속 넓혀갔다. '나무를 찾는 사람들'이라는 팀을 조직하고, 라이다Lidar* 기술을 도입해 거목 지도를 만들었으며, 지금도 타이완에서 가장 높은 나무를 찾고 있다.

자쥔은 내가 아는 사람 중 행동력이 강하기로 손꼽힌다. 고작 몇 년 만에 포스터 한 장에 더해 책까지 한 권 내지 않았는가. 또 내가 아는 사람 중 묘사에 뛰어나기로도 손꼽힌다. (나를 포함해) 많은 연구자가

* 레이저 광선을 발사하여 그 빛이 대상 물체에 반사되어 돌아오는 정보를 바탕으로 물체까지의 거리를 측정하고 물체의 형상을 그려내는 기술.

아는 바를 이해하기 쉽고 간단명료하게 서술하는 능력이 부족하다 보니, 우리가 본 풍경을 제대로 전달할 기회를 놓치기도 한다. 하지만 자췬은 다르다. '타이완삼나무 세 자매' 촬영 프로젝트를 통해 산림 깊은 곳에 자생하는 거목의 모습을 사람들에게 보여주었고, 책을 써서 그와 나무들의 이야기를 그려냈다. 이 책에 나온 수많은 나무를 보고 있노라면 소중한 추억이 새록새록 떠오른다. 책에 묘사된 나무 중에는 내가 함께 찾아갔던 나무도 있고, 내가 함께할 기회가 없었던 나무도 있다. 그렇지만 이 글을 읽고 있자니, 자췬이 나무 하나하나를 여행하며 이쪽 우듬지에서 저쪽 우듬지로 천천히 이동하는 모습이 눈앞에 선연히 그려진다.

내가 미국에 온 지도 몇 년이 흘렀다. 예전에는 너무 멀어 꿈에만 그렸던 거목도 하나하나 방문했다(올랐다). 그래도 타이완의 침엽수림을 떠올리면 그들은 여전히 특별하면서도 아름답게, 다양한 자태를 뽐내며 산속 깊은 곳에 우뚝 서 있다. 숲을 사랑하는 사람들은 캘리포니아의 레드우드와 자이언트 세쿼이아(거삼나무라고도 한다)를 찬탄하며 이렇게 크고 웅장한 삼림은 세계의 유산이라고 말한다. 사실 타이완 산맥 깊은 곳에서 생장하는 침엽수림도 연령, 수형, 생태에 있어 그에 못지않다. 심지어 그들은 태풍과 지진이 빈번한 환경에서도 70미터 이상씩 자란다. 이 책을 통해 독자 여러분도 자췬과 함께 나무 위의 세계를 느끼며 아름다운 나무들과 조우하는 과정을 경험하기를 바란다. 그러고 나면 우리가 이 나이 많고 아름다운 나무들과 늘 함께 살고 있었다는 사실을 새삼 깨닫게 될 것이다. 이 숲들은 각종 천재와 인재를 피해 지금도 이 손바닥만 한 섬의 인적 드문 곳에서 나무의 위 아래로 하나의 세계를 이루고 있다.

서문

하늘이 산림을 보우하길

평소 인터넷에 무언가 끄적거리기를 좋아하다보니 10여 년간 써온 글만 해도 몇만 자는 될 것이다. 이 책은 그런 내 박사 논문을 제외한 두 번째 책이다. 박사 논문은 100부를 찍었는데도 재고가 아직 남아 있다. 이 책은 부디 더 많이 찍을 수 있기를 바란다. 그러지 못하면 앞으로 출판사 블랙리스트에 올라 영영 책을 내지 못하게 될지도 모른다. 이렇게 말하고 보니 다시 인터넷으로 돌아가서 뭐라도 끄적거리는 게 그리 나쁘지만은 않아 보인다(웃음).

'나무를 찾는 사람들'이라는 단체명은 나의 '대중없는' 잡문처럼, 어느 날 갑자기 머릿속에서 툭 튀어나왔다. 아마 차를 타고 있거나 샤워할 때, 혹은 끝없는 오르막을 오를 때였을 것이다. 이런 일을 하고 있을 때의 나는 늘 희열로 가득 차 있으니까.

이전에도 이런저런 이름을 많이 생각해보긴 했다. 그러나 '야생 나무 탐사 동아리' 같은 이름은 영 매가리가 없어 아무래도 잘 먹힐 것 같지 않았다. 그러고 보면 내 성미는 과학자가 되기에는 맞지 않는 것 같기도 하다. 계획을 세우고 실행하는 기준이 전부 좋고 싫음에 달려 있기 때문이다. 좋아하지 않는 일은 아무리 해도 잘하지 못한다. 그러므로 그동안 제멋대로인 나를 감내해준 팀원들에게 감사하다. 특히 일상생활에서 나를 참아주는 우리 브라이언에게는 더욱 감사한다. 이대로 계속 써 내려가다가는 서문이 감사문으로 변할 것 같다. 차라리 서문과 감사문을 함께 쓰는 셈 치겠다(웃음).

마지막으로 내 상상력을 억제하지 않으신 부모님께도 감사한다. 고작 책 한 권 썼다고 부모님께 감사하는 건 좀 지나친 것 같지만, 이 책이 내 마지막 책이 될지도 모르니 기회를 놓치지 말아야겠다.

어릴 적 어느 여름방학, 어머니는 나를 우라이烏來에서 열리는 일주일짜리 캠프에 보내셨다. 나와 남동생으로부터 벗어나기 위한 어머니의 선택이었는지도 모르겠으나, 어쨌든 그때의 경험이 자연을 보는 내 시각에 결정적인 영향을 미쳤는지 나는 대학 진학 후 현재의 과로 전과했다. 산업디자인과 동기들은 지금쯤 퇴직금을 두둑이 모아두었겠지만, 나는 그때의 결정을 후회하지 않는다. 이렇게 위대한 나무들을 직접 볼 수 있으니까, 이 큰 나무들이 자비를 베풀어 우리가 그에 오를 수 있도록 허락해주었으니까, 평생 후회는 없다.

마지막은 내가 가장 좋아하는 기원으로 마무리하려 한다. 하늘이 포르모자*의 산림을 보우하길. 그리고 타이완 사람들이 영원히 아름다운 섬의 은혜를 받으며 살아가길!

* 타이완의 별칭. 포르투갈어로 아름다운 섬이라는 뜻의 일랴 포르모자Ilha Formosa에서 기원했다고 알려졌다.

수관층 세계

시작점:
한 그루의 나무는 하나의 생태계

1997년 11월 5일. 겨울의 이란宜蘭현은 부슬비가 끊이지 않지만 이날따라 해가 났다. 나는 아침 일찍 타이베이台北에서 출발해 베이이北宜고속도로를 타고 이란현에 있는 푸산식물원으로 갔다. 도시락을 먹고 나자 오후 1시 반이었고, 나는 곧바로 황기黃杞, Engelhardia roxburghiana의 착생식물Epiphyte* 조사를 시작했다.

가슴 높이 지름은 54센티미터, 높이는 14미터. 그 무렵의 내게 그 나무는 대단히 큰 나무였다.

나는 착용하고 있던 하네스에 로프를 연결하고 미리 박아 둔 L자형 못을 따라 나무에 올랐다. 적당한 나뭇가지를 골라 로프를 걸쳐둔 뒤

* 동식물의 사체나 배설물, 분해물 등에서 양분을 얻어 사는 식물.

그 로프를 몸의 카라비너*에 단단히 연결했다. 그리고 나무 아래에 있는 자원봉사자에게 로프 끝을 고정해달라고 부탁한 것을 끝으로 안전 확보 절차를 마쳤다.

자원봉사자는 바람을 쐬러 나무 밑을 떠나 숲으로 들어갔다. 홀로 남은 나는 조용히 표본을 채취했다.

그날 오후 그 나무에서 이상한 것을 발견했다. 나뭇가지 위, 세월에 의해 형성된 부식층에 복잡하게 얽혀 있는 한 더미의 식물기관**이었다. 그건 꼭 수관층樹冠層*** 위에 돋은 나무뿌리처럼 보였다. 휴대용 소형 톱으로 잘라보고 나서야 그 뿌리가 황기의 나뭇가지에서 자라난 것임을 알 수 있었다.

몇 년 뒤, 한 보고서를 읽고 다른 과학자도 중앙아메리카에서 이와 비슷한 현상을 발견했었다는 사실을 알게 됐다. 그것은 나무가 양분 흡수력을 키우기 위해 공중으로 뻗어낸 뿌리인 캐노피 루트Canopy root였다.

그 푸산식물원은 내가 삼림의 수관층 세계를 탐색하게 된 시작점이었다.

1996년 가을, 나는 국립타이완대학 식물연구소에 합격했다. 실험실 선배를 따라 처음 푸산식물원에 발을 들였을 때는 중문과 학생도 다 아는 발풀고사리도 모르냐는 핀잔을 듣기도 했다. 그때 나는 나무

* 암벽 등반 시 쓰이는 로프 연결용 금속 고리.
** 형태, 구조, 기능이 다른 부분들과 구별되는 식물체의 기관.
*** 숲 층상 구조의 최상층으로, 목본의 수관으로 덮여 연결된 층 구조.

위를 잔뜩 뒤덮은 착생식물에 호기심을 느꼈다. 건조하고 더운 타이완 서남부 자난嘉南평야에서 대학 시절을 보내다가 타이완에서 제일 가는 아열대우림으로 돌아오자 대관원에 처음 방문한 유 노파*처럼 눈에 보이는 모든 게 이름 모를 진귀한 화초처럼 느껴졌다.

연구소로 돌아와 원문 학술지를 뒤지다 1984년 미국 학자 나드카르니가 코스타리카에서 착생식물을 연구하고 쓴 보고서를 읽게 됐다. 어째서일까. Epiphyte라는 단어를 본 순간, 사전에서 찾아보지 않았음에도 그것을 푸산식물원에서 본 그 생태 경관과 연결 지을 수 있었다. 나는 곧 교수님께 푸산에서 비슷한 연구를 하고 싶다고 말씀드렸다.

처음에는 이를 긍정적으로 봐주는 이가 한 명도 없었다.

당시 나는 나무에 어떻게 올라서 표본을 채취해야 하는지조차 알지 못했다. 그러다가 실험실의 탁자 밑에서 대형 할인 마트 비닐봉지에 든, 로프와 암벽 등반용 하네스 그리고 고정된 로프를 타고 오를 때 쓰는 등강기를 발견했다. 연구실의 어느 선배가 몇 년 전 우라이에서 사용한 장비인 듯했다. 나는 이곳저곳을 들쑤시다가 임업시험소**의 훙푸원洪富文 박사를 찾았다. 하룻강아지 범 무서운 줄 모른다고, 푸산식물원으로 무턱대고 찾아간 나는 그분의 연구실에서 작은 회의를 열었다. 처음에는 그도 마뜩잖게 여겼지만 나중에는 원주민이 열매를

* 중국 고전 소설 『홍루몽』의 등장인물. 가난한 시골 노파로 부잣집 대관원에 방문했다가 부유한 생활상을 보고 매우 놀란다.

** 산림 자원을 연구하는 타이완의 기관으로, 타이완 내 여러 식물원도 관할하고 있다.

채집할 때처럼 나무에 못을 박고 올라가는 방식을 써보라는 의견을 내주었다. 또 못 박을 기술자로 푸산에서 나무 타기에 가장 능숙한 아차이阿財 씨를 수소문해주기도 했다.

당시 아차이 씨는 초면인 나를 위아래로 쭉 훑어보더니 무시하듯 "너 같은 (작고 뚱뚱한) 몸매로는 나무에 오르기 쉽지 않을걸"이라고 말하고는 입대를 앞두고 그의 조수 노릇을 하던 브라이언을 가리켰다. "저 녀석 같은 러카漏咖(키다리)라면 모를까." 그 뒤로 나는 나무 위에서 장수말벌도 만나고, 벼락도 맞을 뻔하고, 실수로 나뭇가지 대신 애강고사리崖薑蕨, Aglaomorpha coronans에 밧줄을 걸기도 했지만, 사지육체 멀쩡하게 논문도 완성하고 졸업도 했다. 그리고 푸산 아열대우림에

1 푸산의 우거진 아열대우림 속에서 수관층을 탐색하고 있다(위성쿤余勝焜 촬영).
2 수관층에 설치된 온습도 기록계로 미기후의 변화를 관측한다.
3 늘 물기가 자욱한 푸산 산림.

1 | 2 | 3

있는 착생식물의 생물량*이 코스타리카의 운무림** 생태계에 뒤지지 않는다는 연구 결과도 얻어냈다.

어느 강연에서 청중에게 이런 질문을 받은 적이 있다. 나무에 오르기를 좋아해서 오르시는 건가요? 나는 나무 위의 세계를 알고 싶어서 오르는 거라고, 그럴 필요가 없다면 굳이 나무에 오르지 않을 거라고 답했다.

그분은 내 대답에 실망했을지도 모른다. 그러나 이건 성심성의껏 전한 진심이다. 처음 방문한 푸산식물원에서 착생식물에 매료된 뒤로는 나무를 볼 때마다, 특히 육안으로 전체를 볼 수 없는 나무나 복잡한 수관 구조를 볼 때마다 저 위에 올라 탐구하고 싶다는 충동을 억누를 수가 없다.

착생식물을 연구하는 사람이라면 누구나 알듯, 늙은 나무와 젊은 나무의 모습은 다르다. 세월이 주는 경험이 쌓일수록 사람이 지혜로워지듯, 나무도 나이를 먹을수록 수관층 생태계가 더욱 복잡해진다. 여러분이 잘못 읽은 게 아니다. 생태계다. 내게는 한 그루의 나무가 곧 하나의 생태계다. 여기에는 내가 알아내고 싶지만 완전하게 이해할 수는 없는 생명의 흐름이 충만하다. 육안으로는 구별할 수 없는 진균류, 조류부터 비교적 원시적인 지의류, 선태류, 구조가 비교적 복잡한 관다발 착생식물까지 모두 모여 사회를 이루고 있다. 수관층이 확대되고 토양층이 누적됨에 따라 산림 지표면에서 자라는 식물과 소교

* 어느 지역 내에서 생활하고 있는 생물의 현존량.

** 지속적으로 구름과 안개가 끼는 곳에 생기는 선태류나 착생식물로 뒤덮인 숲.

목이 잇달아 출현하게 된다. 그 뒤를 무척추동물, 곤충, 양서류가 따라 오고, 마지막으로는 포유류, 조류 등 대형 동물이 등장하게 된다.

이처럼 한 그루의 나무는 하나의 생태계라 할 수 있다.

어떻게 빠져들지 않을 수 있겠는가?

추텅룽邱騰榮(브라이언)

만난 지 30년이 넘은 인생의 파트너. 브라이언은 내가 첫 수관층 연구를 진행하며 푸산의 착생식물을 조사할 때부터 자연스럽게 나의 조수가 되어주었고, 그 역할은 지금까지도 계속되고 있다. 줄을 잘못 잡았다고 해야 할까, 천생연분이라고 해야 할까(하트).

1 푸산의 활엽림 생태는 내 수관층 연구의 시작점이었다.

2 푸산에서 수관층 생태 연구 다큐멘터리를 촬영하고 있다.

3 꽃이 독특한 장과등長果藤, Aeschynanthus acuminatus은 푸산식물원에서 자주 보이는 착생식물이다.

4 동북 계절풍이 막 불기 시작할 무렵 일본권판란日本捲瓣蘭, Bulbophyllum japonicum의 꽃이 핀다.

	2
1	3
	4

타이완삼나무 치라이씨와의 약속

1994년 여름방학, 순박한 산업디자인과 2학년이었던 나는 청궁대학 등산 동아리에서 개최한 5일 일정의 중앙中央산맥 넝가오웨링能高越嶺 횡단 프로그램에 참가했다. 이 프로그램을 통해 나는 난생처음 산속에서 밤을 보내는 트레킹을 경험했다. 그리고 참가 나흘째가 되던 날, 넝가오웨링 동쪽 구간에 있는 톈장天長터널에서 트레킹에 적합하지 않았던 내 농구화 밑창이 완전히 떨어져 나가버렸다. 그렇게 녹초가 되어 치라이奇萊 댐 부근에 기대어 쉬고 있을 때, 계곡 저 너머에 있는 커다란 나무가 눈길을 사로잡았다. 당시 나는 나무에 문외한인 데다, 야생에 대한 경험이 없던 산업디자인과 학생이었지만 그 나무의 높이에는 감탄이 절로 나왔다. 저 나무의 키는 100미터가 넘겠지? 그때는 그렇게 생각했다.

당시의 트레킹 덕분이었는지는 몰라도 여름방학이 끝난 뒤 나는 선택 과목으로 생물과의 식물 커리큘럼을 이수했고, 이후에는 청궁대학 생물과의 소초小草연구실에 들어가 식물에 대해 기초부터 배웠다.

그 뒤로 타이베이로 올라와 국립타이완대학 식물연구소에서 수학했고, 졸업 이후에는 타이완의 임업 연구 기구에서 일했다. 동료들은 대부분 수목 전문가였는데, 어느 날 그들과 이야기를 나누던 중 내가 무과木瓜계곡에서 보았던 큰 나무가 화제에 올랐다. 동료는 그것이 대만향백이 분명하다고 했다.

사실 나도 그 나무를 다시 보고 싶던 터였다. 횡단 프로그램에 참가한 지 10년이 지난 2004년, 나는 동료 두 명을 데리고 넝가오웨링의 동쪽 구간을 다시 찾았다. 그러나 우리 셋이 계곡에 서서 맞은편에 있는 그 나무를 보았을 때는 조금 실망하고 말았다. 사람의 키를 대입해 계산해봐도 나무 높이가 고작 50미터 남짓할 것 같았기 때문이다. 당시는 레이저를 이용해 거리를 측정하는 측거기가 보급되기 전이라 임업에 종사하는 측량 기술자들도 전부 삼각측량을 활용하던 시절이었다. 우리도 전문 측량 도구를 챙겨올 만큼 진지한 건 아니었다. 어쨌든 그 나무를 10년 후 재방문한 결과는 실망 그 자체였다.

훗날 나는 지구촌 곳곳을 돌아다니다 세계에서 가장 큰 나무라는 레드우드를 보았다. 그 나무의 모습은 아직도 머릿속에서 사라지지 않는다. 구름과 안개를 뚫고 우뚝 선 채로 피로에 찌든 젊은 하이커를 향해 기백을 드러내던 그 모습을 나는 영영 잊지 못할 것이다.

2014년, 나무에 올라 함께 연구할 동료들을 만나고 나서야 내 수관

奇萊
17K+800
奇萊霸 1480m

1 원래 타이완의 심장 지대를 관통할 계획이었던 타이16선台16線 고속도로는 다행히 만들어지지 않았다.

2 치라이씨 맞은편에 서 있는 커다란 타이완삼나무. 어쩌면 나중에 올라갈지도 모른다(웃음).

3 치라이 댐 옆, 하늘을 떠받들 듯 서 있는 타이완삼나무 치라이씨.

1
2
3

층 연구의 고도도 기존의 열대 활엽수 수관층에서 현재의 거대 침엽수 수관층으로 훌쩍 높아지게 되었다. 그리고 타이와니아 크립토메리오이데스(이하 타이완삼나무台灣杉) 세 자매에 오른 뒤 나는 치라이 댐의 그 나무를 다시 떠올렸다. 수형을 보면 대만향백이 아닌 것 같은데, 타이완삼나무인 건 아닐까?

그래서 나는 그해 탐사대를 조직해 그 나무를 다시 찾았고, 순조롭게 그 위로 올랐다. 나무를 처음 발견한 지 20년 만에야 그것이 타이완삼나무라는 것을 확인할 수 있었다. 나무가 치라이 댐 부근에 있었고, 마침 그날 치라이 특산인 미주米酒와 생강 오리찜을 사 들고 간 터라 겸사겸사 그 타이완삼나무에 치라이씨라는 이름을 붙여주며 명명식을 치렀다. 당시 줄자로 측량한 나무 높이는 61미터였다.

최초 목격 이후 20년이나 지났지만 타이완삼나무는 험준한 무과 계곡에 영원히 변치 않을 것처럼 우뚝 서 있었다. 그러나 나는 과거의 내가 아니었다.

그 나무와의 첫 만남 이후, 나는 인생을 바꾸는 결정을 내렸다. 취업이 보장된 산업디자인과를 박차고 나와 시골 사람들이 공인하기로, 험난하기 짝이 없는 생명과학과로 뛰어들었다. 그 후에는 그중에서도 가장 눈에 띄지 않는 수관층 생태계 연구를 평생의 연구 과제로 택했다.

석사 졸업 후에도 나는 착생식물과 관련된 연구를 하고 싶었다. 하지만 더욱 심도 있는 연구를 하는 것도, 공공 부문의 연구 기관에 들어가는 것도 전부 실패했으므로 좋아하지도 않고 잘하지도 못하는 행정 업무를 할 수밖에 없었다. 그 몇 년 동안 나는 매우 방황했다. 그 나무를 두 번째 방문하고 난 이듬해, 나는 주변 환경을 바꾸기로 결심했다. 대출을 받아 남편 브라이언과 함께 유학을 떠난 것이다.

네덜란드에 가서는 지도 강사(강사 본인도 박사였다)로부터 종 분포 모델링 프로그램 사용법을 배움으로써 내가 줄곧 품어왔던 '기후변화가 착생식물에 어떤 영향을 미치는가?'라는 의문을 해소할 수 있었다.

그 후에도 이곳저곳을 전전하다가 착생식물 연구의 대가라고 할 수 있는 얀 볼프를 알게 되었다. 나중에 그는 내 박사 과정 지도 교수가 되었다. 나는 모델링 프로그램을 익힌 뒤 타이완으로 돌아와 6년을 들여 박사 논문을 완성했다.

내 연구 생애는 늘 좌충우돌 불안정했다. 때로는 나조차도 내가 어느 하나에 지나치게 집착한다는 생각이 들어 이렇게 자문하기도 했다. 꼭 수관층 생태를 연구해야만 해?

어쩌면 이건 치라이씨와 나 사이의 약속인지도 모른다.

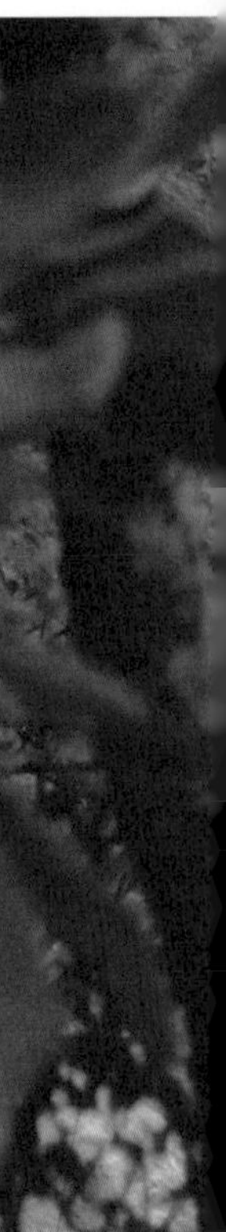
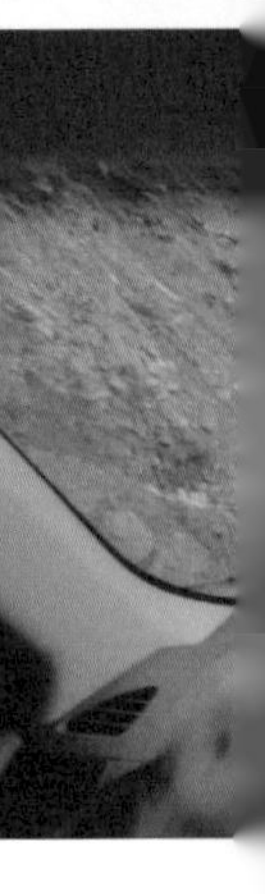

1 극락조가 치라이씨 밑에서 로프를 걸 나뭇가지 위치를 살피고 있다.
2 2011년 멀리서 찍은 톈장절벽의 동쪽 출구.
3 2014년 톈장절벽을 통과할 때 동쪽 출구가 둘로 갈라져 있어 매우 위험했다.
4 치라이씨 위에서 찍은 나와 브라이언. 이 귀한 사진을 남길 수 있게 뤄 코치가 도와주었다.

1 | 2 | 3 | 4

타이완미송과의 뜻밖의 만남

나는 부지런히 공부하는 식물학자는 아니지만, 브라이언의 말에 따르면 매우 운이 좋은 과학자라고 한다. 연구 인생 중 입에 올릴 만한 식물을 몇 번이나 우연히 만나서다.

식물을 잘 모르는 데다 기억력이 썩 좋지도 않지만, 희귀 식물에 관해서라면 내겐 신기한 직감이 있다. 석사 2년 차 시절, 완다난萬大南강으로 표본 채집을 나갔을 때였다. 그날따라 험준한 길을 1킬로미터 넘게 걸어 내려갔더니 눈앞이 아찔하고 머리와 무릎이 욱신거려 도저히 채집 따위를 할 마음이 들지 않았다. 그런데 마침 계곡의 돌 위에 수려한 외양의 양치식물이 보였고, 무심결에 그것을 채집했다. 연구실에 돌아와 양치식물에 정통한 선배에게 표본을 보여주었더니 그가 눈을 빛냈다. 그것은 오랫동안 채집한 사람이 없었다는 우절고사리羽

節蕨, Gymnocarpium oyamense였다. 이렇듯 내가 채집하는 표본은 가짓수가 많지는 않았지만 희귀종일 확률이 높았다. 그래서 표본관의 자원봉사자는 나를 '오카모토우드풀岡本氏岩蕨, Woodsia okamotoi을 채집한 그 학생'이라 부를 정도였다. 동료들도 내가 가는 곳은 죄다 가기 힘든 곳이라며, 좋은 표본이 있을지도 모른다고 자주 말하곤 했다. 이것도 립서비스의 일종이겠지?

내 인생에서 기록할 만큼 가치 있는 일화 중 하나는 보도복주머니난寶島喜普鞋蘭, Cypripedium segawai의 원생지를 새로 발견한 것이다. 보도복주머니난은 귀여운 노란 꽃이 피는 타이완 원생의 복주머니난으로, 1930년 세가와 고키치瀨川孝吉가 채집해 처음 발표한 뒤 야외에서 60년 넘게 채집된 기록이 없었다. 그런데 내가 1998년 4월 청명절 연휴에 연구실 동기와 함께 넝가오웨링으로 채집 여행을 갔다가 화롄花蓮현 북부의 석회암 산간지대에서 그것을 우연히 발견한 것이었다. 그러나 안타깝게도 몇 년 뒤, 당시 인기 있던 탐험 프로그램의 화면에 그 복주머니난이 우연히 잡히면서 난초 사냥꾼들이 그곳에 몰려들게 됐다. 게다가 호우로 서식지의 넓은 면적이 무너져내리면서 원래 수백 그루가 군락을 이루던 곳에 지금은 스무 그루도 채 남지 않게 되었다. 안타까울 따름이다.

근래 나는 거목의 수관층 조사로 방향을 틀었다. 수관층의 희귀 식물이라면 설령 매스컴에 분포지가 노출된다 하더라도 나무를 직접 벤다면 모를까 그에 접근할 수 있는 사람은 비교적 적을 것이기 때문이었다. 이 말이 과장처럼 들릴지는 몰라도 제3세계 원시림에서는 이런

1 타이완미송은 북미에서 자라는 미송의 친척이다. 수형이 아름답고, 타이완에 서 가장 키가 큰 소나무과 식물일 가능성이 크다.

2 처음 타이완미송을 조사했을 때 운 좋게 활짝 핀 모연악콩짜개난을 보았다.

3 타이완미송 수관층에 응고되어 호박처럼 투명해진 송진이 있다.

4 타이완미송의 솔방울. 북미 원주민 전설에 따르면 이것은 솔방울을 이용해 산불을 피하는 다람쥐의 꼬리라고도 불린다.

5 타이완미송의 솔방울이 익기 전의 모습. 비늘로 뒤덮인 모습이 매우 귀엽다.

	2	
1	3	
	4	5

일이 여전히 실제로 벌어진다.

수관층 생물을 조사할 때에도 내겐 행운이 계속 따르는 듯하다. 2014년 나와 브라이언은 함께 비루산畢祿山에서 양터우산羊頭山으로 이어지는 코스를 오르던 중 양터우산 등산로 입구 부근에서 거대한 타이완미송威氏帝杉, Pseudotsuga wilsoniana을 보았다. 그 나무에 한번 올라가보고 싶다는 생각이 들었다. 이듬해 9월, 우리는 장비를 갖춰 그곳을 다시 찾았다. 그렇게 오른 타이완미송의 수관층에는 처음 보는 콩짜개난이 꽃을 피우고 있었다. 콩짜개난은 내가 가장 좋아하는 꽃 3위 안에 든다. 처음 식물연구소로 전과하기로 결심한 이유도 핑둥屛東현 산간지대의 강에 갔다가 무척 귀여운 콩짜개난을 주웠기 때문이었다.

전 세계에는 2000여 종이 넘는 콩짜개난이 있다. 타이완에만 30여 종이 있고, 새로운 품종도 연이어 발견되고 있다. 콩짜개난이라는 이름은 이 속屬의 식물에 동글동글한 콩알처럼 통통한 가假덩이줄기*가 있는 데서 유래한 것이다. 상부에는 긴 잎 한 장만이 돋아 있을 뿐이고, 꽃은 대부분 파리목 류의 곤충을 통해 가루받이를 한다. 때로는 악취를 뿜어 곤충을 유인하기도 한다. 가장 특이한 점은 꽃잎 뿌리 부분에 유연한 관절이 있어 꽃에 내려앉은 곤충은 여기에 갇혀 꽃가루덩이를 묻히게 되고, 자연스레 콩짜개난의 가루받이를 돕게 된다는 것이다. 기본적으로 난초는 식물 중에서도 비교적 교활한 부류인 셈이다(웃음).

* 난의 근경 일부가 구근 모양으로 커지면서 지상부로 자라난 줄기.

그렇지만 콩짜개난은 너무 귀엽다. 성미가 좀 나빠도 용서해줄 수 있을 만큼 말이다.

본론으로 돌아가자. 이후 나는 난초 포럼에 타이완미송에서 본 콩짜개난 관련 게시물을 올렸다. 그리고 내 훌륭한 연구 파트너이자 난초 전문가인 위余 오라버니의 페이스북에도 이 콩짜개난의 이름을 묻는 게시물을 올렸다. 그 결과 한바탕 소동이 벌어졌다. 이 모연악콩짜개난毛緣萼豆蘭, Bulbophyllum ciliisepalum의 초기 채집 발표지는 다쉐산大雪山 임도林道로, 이를 봤다는 사람도 드물었다. 그런데 내가 얼떨결에 장소를 공개해버리는 바람에 양터우산 등산로 입구에 꽃을 찾고 사진을 찍으려는 수많은 난초 애호가가 몰려들게 됐다. 그때 소셜 미디어의 놀라운 힘을 체감했다.

2019년 9월 우리는 다쉐산 임도에서 그때까지 만나본 나무 중 가장 큰 난컹南坑강의 타이완삼나무 신목을 발견했다. 게다가 72미터 높이의 우듬지에 오른 극락조가 꽃을 피운 모연악콩짜개난도 발견했다. 나는 이 콩짜개난 종이 참 새침하다고 생각했다. 꼭 이렇게 전망이 좋은 곳에서 자라야만 직성이 풀리는 걸까?

그 뒤로 나는 또 위 오라버니와 관우觀霧 지구에 가서 콩짜개난을 찾았다. 원생지에서 관우콩짜개난觀霧豆蘭, Bulbophyllum kuanwuense var. Kuanwuense을 본 사람은 없다고 했는데 뜻밖에도 우리는 단숨에 성공했다. 관우 지구를 걸어 다니다 늙은 장미고長尾栲, Castanopsis cuspidata var. carlesii 위에서 때마침 활짝 핀 관우콩짜개난을 마주친 것이다. 그래서 내 행운 리스트에는 다시금 새로운 기록이 추가되었다(하하).

동글동글하고 귀여운 가덩이줄기 때문에 콩짜개난이라는 이름이 붙었다.

쉬치야오徐啓耀(극락조)

극락조의 본업이 우체부라고 소개할 때마다 모두들 그 사실을 믿지 못한다. 그의 겉모습이 특공대원 같기 때문이다. 처음에 극락조도 자신을 소개하며 말하길, 함께 나무에 올라가 연구하는 동료가 되고 싶다고 했다. '나무를 찾는 사람들'의 공격수 역할도 대부분 그가 맡는다. 공격수의 정의를 묻는다면 가장 먼저 나무에 오르는 팀원이라고 대답하겠다. 야생 나무의 수관층에는 수많은 위험이 도사리고 있다. 당연히 공격력이 가장 뛰어난 사람이 공격수를 맡아야 하지 않겠는가.

회목 우듬지의 공중 정원

내가 푸산에서 착생식물을 연구하던 시절 올랐던 나무는 모두 20미터를 넘지 않았다. 오랜 기간에 걸친 태풍과 동북 계절풍의 영향으로 수관층이 높이 형성될 수 없는 곳이었기 때문이다. 2014년부터 '나무를 찾는 사람들'과 함께 이곳저곳의 거목에 올라 측량을 시작하고 나서야 내 시야도 넓어졌다. 처음에는 30미터에서 40미터짜리 회목만 봐도 매우 크다고 느꼈는데 이제는 60미터쯤 되는 나무도 썩 커 보이지 않는지라 그런 나무에는 거의 오르지 않는다(웃음). 사실 타이완의 숲에서 60미터가 넘는 나무를 찾기가 쉬운 일은 아니다.

솔직히 말하자면, 그간의 관찰을 통해 나무 높이와 수관층 생태의 다채로움이 반드시 정비례하지는 않는다는 사실을 알게 됐다. 수관층 생태가 복잡하게 형성되는 데 가장 중요한 요소는 바로 나무의 나이

1 천공의 성을 오를 때면 그리움이 사무친다.

2 타이강泰崗강의 물은 더없이 투명하다. 강 바닥은 반짝반짝 빛나는 보석으로 뒤덮인 듯하다.

3 커다란 회목 위에서 자주 보이는 무성한 착생란 생태.

4 녹색의 거대한 탑 같은 커다란 편백 거목으로 이루어진 천공의 성.

1 | 4
2 | 3

다. 몇백 살부터 천 살이나 되는 늙은 나무에는 대자연의 흔적이 가득 남아 있다. 벼락을 맞은 흔적, 폭풍우에 부러진 상처, 노화로 생긴 텅 빈 구멍 안에 서식하던 동물의 발톱 자국……. 나뭇가지에도 날다람쥐와 같이 수관층에 사는 동물이 배설한 분변이 남아 있는데 나무에 사는 착생식물은 말할 나위가 없다. 늙은 나무 한 그루에 사는 착생식물만 해도 50종이 넘으니 그곳을 공중 정원이라 칭해도 전혀 지나치지 않을 것이다.

지금까지 나무에 오른 경험에 비추어봤을 때 나는 신목 등급의 홍회와 편백, 즉 회목의 생태가 가장 다채롭다고 생각한다.

회목의 수형은 비교적 넓게 펼쳐진 데다 수많은 나뭇가지가 얼기설기 얽힌 구조로, 거대한 수관층 공간을 형성하고 있다. 식물이 생장할 만큼의 충분한 부식토가 쌓일 수 있는 환경인 것이다. 비록 50미터가 넘는 회목이 드물기는 해도 보통 활엽수보다는 장수한다. 원시림에서 팔백 살이 넘는 거목 등급의 나무라면 그 나무의 수관층은 매우 볼 만하다.

2014년, '나무를 찾는 사람들'은 운 좋게 삼림보육처로부터 치란의 역대신목원歷代神木園에서 가장 큰 홍회인 법현法顯을 조사해달라는 의뢰를 받았다. 그 나무의 줄기는 이미 텅 비어 있었다. 관리 기관은 나무가 아직 '살아 있는 나무'인지, 아니라면 아리산阿里山 신목처럼 하부 고목은 1세대 나무고 수관층 표면은 기존 나무 위에 움돋이* 한 2세대 나무인지를 확인하고 싶어 했다. 임업인의 눈에는 심하게 훼손

* 풀이나 나무를 베어낸 데서 새로운 싹이 돋아 나온 것.

된 것처럼 보인 그 나무에 올라갔더니, 나무는 자기 몸 안에 수많은 생물을 보호하고 있었다. 굵직한 나무줄기의 끝으로부터 약 20미터 되는 지점에는 대량의 부식질이 쌓여 있었고, 운무림 하층에서 볼 수 있는 크고 작은 수종과 대량의 착생식물이 자라고 있었다. 정말 공중정원이 형성되어 있는 듯했다. 심지어 그 위를 가로지르는 나뭇가지에는 5미터가량의 조그맣지만 건강한 회목 한 그루도 자라고 있었다. 소위 '나무 속의 나무Tree on trees'였다.

어미나무는 아직 살아 있었다. 우리는 그 후에 문득 기발한 아이디어를 떠올리고는 우듬지에서부터 텅 빈 나무 내부를 따라 수직으로 내려갔다. 그랬더니 지면에 발을 순조롭게 디딜 수 있었다. 이 회목은 내부가 텅 비어 있기는 해도 여전히 멀쩡하게 살아 있는 나무였고, 다양한 생물을 품은 성루이기도 했다. 몇 년 뒤 우리는 선무神木촌의 '녹나무 할아버지'에 올랐는데, 그 나무 역시 머리부터 발끝까지 텅 비어 있기는 했지만 생명력만큼은 가득 차 있었다. 대자연의 오묘함이란 아무리 탐색해도 끝이 없다.

처음 치란에서 나무에 올랐을 때 회목이 이렇게 향기로웠나, 하는 생각이 들었다. 사방에서 향기를 내뿜는 수관층에 있으려니 속세의 근심과 걱정을 잠시나마 잊을 수 있었다. 나무에 오르다보면 높이에 따라 광선과 습도가 변하는데, 10미터 이상 오르자 상쾌하고 탁 트인 느낌이 들었다. 습하고 어둑어둑한 숲 하층부에서 완전히 벗어난 것이었다. 자세히 살펴보니 사방을 둘러싼 커다란 나뭇가지는 개화기를 맞은 엽란으로 뒤덮여 있었다. 과거 인류가 마구 채취하기 전에는 이

1 나무의 높이뿐만 아니라 지름을 재는 것도 쉽지 않다.

2 루린鹿林 신목 위 공중 정원 같은 가장귀 테라스.

3 천공의 성에 오른 때는 흰 석곡이 만발하는 시기였다.

4 루린 신목 수관층의 관관란鶴冠蘭, Bulbophyllum setaceum var. setaceum이 수많은 긴 꽃줄기를 내밀고 있다.

5 극락조가 법현 신목의 텅 빈 줄기 안쪽을 오르고 있다.

1 | 2 / 3 | 4 | 5

처럼 엽란이 활짝 피어 있었을 것이다. 그러나 지금은 나무에 올라야만 그 광경을 마주할 수 있다.

사실 '나무 속의 나무' 현상은 늙은 회목에서 자주 보인다. 회목은 장수하는 커다란 교목이지만 나는 회목도 착생식물과 비슷한 점을 갖고 있다고 생각한다. 회목 숲에 쓰러져 있는 나무를 살펴보면 그 위에 돋은 어린나무가 살랑거리는 모습을 볼 수 있다. 그래서 어린나무를 키우는 쓰러진 나무를 '묘목장 나무Nursery tree'라고 부르는 사람도 있다. 쓰러진 나무에서 자라는 어린나무는 햇빛을 더욱 많이 흡수할 수 있고, 땅 위의 초본식물들과 생장 속도를 경쟁할 필요도 없다. 이것도 착생식물이 우세하게 진화한 부분이다. 토양이 부족하고 수분 공급이 불안정한 수관층 환경에서도 적응할 수 있다면 빛이 충분한 곳에서는 다른 식물보다 더욱 크게 성장할 수 있는 것이다.

치란에 있는 늙은 편백의 수관층에 올라가면 무수한 어린 편백을 볼 수 있다. 그제야 리처드 프레스턴의 저서 『야생 나무: 열정과 용기의 이야기The Wild Trees: A Story of Passion and Daring』에 묘사된 북미 레드우드의 '나무 속의 나무' 현상을 실감할 수 있었다. 이처럼 작은 섬에 살면서도 아메리카 대륙에서와 마찬가지로 웅장한 거목 생태를 관찰할 수 있다니, 나는 엄청난 행운아다.

구름 위의 수관층:
쉐산 추이츠

사실 내 나무 타기 실력은 '나무를 찾는 사람들'에서는 평범한 축에 속한다. 그렇지만 나무를 찾는 실력이라면 상위권이다(승리의 브이). 2014년 거목 오르기라는 새로운 능력을 장착한 후부터는 올라갈 만한 나무를 머릿속에서 끊임없이 찾았다. 등산가 흉내를 내는 사람으로서 당연히 타이완의 드높은 봉우리들을 지나칠 수는 없었다. 해발 3200미터가 넘는 곳이라야 옥산향나무玉山圓柏, Juniperus squamata가 나타나기 때문이었다.

2007년 나는 쉐바국가공원에서 조사 프로젝트를 진행했다. 그때 타이완에서 가장 높은 지대에 있는 쉐산의 '추이츠翠池' 호수 주변 옥산향나무 숲에 가고 싶다는 열망이 생겼다. 옥산향나무는 타이완 고유종으로, 대부분 강풍과 눈보라가 휘몰아치는 혹한의 땅에서 자라다

1 추이츠의 옥산향나무를 본 스카이가 흥분해서 나무를 껴안은 모습.
2 추이츠에서 내려가는 길에 우거진 옥산향나무 숲.
3 안개 속 옥산향나무 숲을 걷노라면 모든 근심과 번뇌가 사라지는 듯하다.

1 | 2 / 3

보니 흔히 비바람에 쓸린 소교목 형태로 나타난다. 그래서 나무 높이가 5미터도 채 안 되는 옥산향나무의 나이가 천 살에 가까울 거라고는 상상하기 어렵다. 쉐산 정상 동남쪽에는 고목枯木이 된 향나무 숲이 드넓게 펼쳐져 있는데, 1991년 발생했던 인위적 발화로 인한 산불 탓에 형성됐다. 이때 타버린 나무들의 나이를 더하면 수십만 살은 될 거라 생각하니 안타깝기 그지없다. 타버린 나무 중에는 자밍후嘉明湖 하이킹 코스에 있는 샹양밍수向陽名樹나 둥쥔東郡 횡단 코스의 톈난커란산天南可蘭山에 있는 왕야밍수望崖名樹처럼, 산악인들이 이름을 붙여준 '유명한' 옥산향나무도 몇 그루 있었다.

타이완에서 곧게 생장한 옥산향나무를 찾아볼 수 있는 유일한 장소는 쉐산의 추이츠와 슈구핑秀姑坪의 동쪽 비탈이다. 능선을 따라 우아하면서도 강건한 곡선을 그리며 구불구불하게 자라난 다른 옥산향나무와는 달리, 풍요롭고 아름다운 쉐산 추이츠 계곡에서 생장하는 옥산향나무는 특히나 압도적인 기세를 뽐내는 데다 옹골차기까지 하다.

2014년 8월, 스카이가 심화 연구를 위해 출국하기 전에 나는 그와 브라이언을 끌고 쉐산 추이츠의 나무에 올랐다. 첫날 369산장으로 가는 길은 가뿐했지만, 내가 등산을 시작한 이래 가장 무시무시한 폭우를 만났다. 길에는 물이 폭포처럼 흘렀고, 겨우 산장에 도착한 낮에는 머리부터 발끝까지 이미 흠뻑 젖은 상태였다. 동행자 중에는 쉐바국가공원의 아보리스트Arborist* 푸궈밍傅國銘도 있었다. 그러나 그가 동행

* 전문 장비를 이용해 나무에 올라가 수목을 관리하는 전문가.

한 목적은 권곡*에 가서 기상 자료를 수집하는 것이었지 우리와 함께 추이츠로 가기 위함은 아니었다.

다음 날 우리는 총 열두 명을 수용할 수 있는 추이츠 대피소에 묵었다. 그날 밤 그곳에는 우리 말고도 조용한 두 젊은이가 있었는데, 함께 수다를 떨다가 그들이 청궁대학 후배임을 알게 되었다. 류충펑劉崇鳳은 이후 산에 거주하는 작가로 유명해지며 『나는 산의 시종이 되고 싶다我願成為山的侍者』와 『여자, 산과 바다女子山海』 등을 출간했다. 샤오바오小飽는 화롄에서 벼농사를 짓는 내 동창 아바오阿寶의 지인으로, 그 역시 청년 농부였다. 그때부터 지금까지 우리 집은 샤오바오네 쌀을 먹고 있다. 정말이지 큰 나무는 내게 이처럼 기묘한 인연을 여러 번 맺어주었다(넙죽).

그 뒤 연 이틀간 우리 셋은 로프를 짊어진 채 오를 만한 나무를 찾아 사방을 뒤졌다. 추이츠와 추이츠 하산로 부근에도 아름다운 향나무와 타이완전나무冷杉, Abies Kawakamii가 많았다. 이 무렵 타이완전나무에는 아름다운 흑자색 구과**가 잔뜩 열려 있었다. 이 정도 해발고도에서는 향나무와 타이완전나무가 그다지 크게 자라지 않아, 나무 높이도 20미터 정도에 불과했다. 그러나 전 세계를 통틀어도 3500미터 가까운 해발고도에서 20미터 이상의 나무가 자라는 곳은 드물다. 견식이 넓은 네덜란드 은사님 말씀에 따르면 타이완은 고산 툰드라 생태계에서 천연 수목 한계선을 찾아볼 수 있는 좋은 예를 보여주는 소

* 빙하의 침식작용에 의해 반달 모양으로 우묵하게 팬 지형.

** 솔방울, 잣송이 등 겉씨식물의 과실.

수의 나라 중 하나이며, 그 형태도 '이보다 더 좋을 수는 없다'.

이 정도 해발고도의 수관층에는 관다발 착생식물은 없는 대신 알록달록한 선태류와 지의류가 있다. 그러나 청록색 선태류 위에 날다람쥐의 똥이 있는 걸 보면 분명 밤에는 흰얼굴날다람쥐白面鼯鼠, Petaurista alborufus lena가 옥산향나무 나뭇가지 위로 뛰어올라 활공할 것이다. 상상만으로도 황홀해지는 광경이다.

옥산향나무의 나무줄기는 무척 미끄러워, 실제로 오르다 보면 얼음을 밟는 것처럼 마찰이라고는 전혀 느껴지지 않는다. 반면 날다람쥐나 흑곰은 대단하게도 이 미끌미끌한 나무줄기를 타고 오를 수 있다. 후에 미국 오리건주에서 톱 아보리스트인 브라이언 프렌치의 강연을 들었는데, 그에 따르면 오리건주 가장 큰 미송의 80미터 지점에서 도롱뇽 소굴이 발견된 기록이 있다. 이런 이야기를 들으며 나는 견문을 크게 넓힐 수 있었다. 나도 다음번에는 옥산향나무 수관층의 구멍을 자세히 관찰해봐야겠다고도 생각했다. 어쩌면 타이완 도롱뇽 중에서 나무에 오르기 좋아하는 개체가 있을지도 모르니까 말이다. 그러면 나는 비밀을 푸는 열쇠를 찾게 될 것이다!

란융샹藍永翔(스카이)

스카이는 '나무를 찾는 사람들'의 해외 대표다. 팀이 결성되고 반년 뒤 심층 연구를 위해 출국했기 때문이다. 그는 실제로 미국에 가서 심층 연구를 진행했고, 영광스럽게도 레드우드와 자이언트 세쿼이아에 올랐다. 내가 이 후배를 잘 모르던 시절 스카이의 지도 교수가 말하기를, 이 알파 걸은 나무에 오르기로 결정한 다음에야 논문 주제를 정했다고 한다. 역시 물고기자리답게 낭만적이라니까.

1 신비로운 푸른 광택을 띤 타이완전나무의 구과.
2 고高해발고도*의 수관층에는 주로 지의류와 선태류가 착생해서 살고 있다.
3 매우 미끄러운 옥산향나무의 나뭇가지에 청록색 선태류가 양탄자처럼 덮여 있다.

1
2
3

* 3500미터 이상의 고도.

타이완에서 유일무이한 쉐산 추이츠의 곧게 뻗은 옥산향나무 단순림*.

* 하나의 수종으로만 이루어진 숲.

우리가 몰랐던 거목

유리 건판 속의
타이완삼나무

타이완의 산림을 누빌 때면 눈이 휘둥그레질 만큼 커다란 나무를 자주 본다. 그래서인지 이 말은 내 입버릇이 되었다. 내가 50년만 일찍 태어났더라면 좋았을 텐데.

산림 벌채는 제2차 세계대전 이후 경제 복구에 힘쓰던 국민당 정부 때 가장 무분별하게 행해졌다. 특히 타이완 동부 임도 대부분은 제2차 세계대전 이후에 개발된 곳들이다. 그 무렵에는 모든 업종이 불황이었던 터라 산에서 나는 '공짜' 목재는 인간이 써먹기에 그야말로 제격인 자원이었다. 다만 우리가 모르는 것이 있다. 이 땅에서 나고 자란 커다란 나무를 마구 베어버리면 몇천 년을 쏟아부어도 그 원상을 복구할 수 없다는 사실이다.

타이완의 원시림은 일본 식민지 시대와 국민당 정부 시대에 걸쳐 약 4500만 세제곱미터나 벌채되었고, 총 벌채 면적만 약 40억 제곱미터에 달한다. 이러한 대규모 벌목은 1991년 정부에서 천연림 벌채를 금지하는 행정 명령을 내린 후에야 점차 사라졌다. 4500만 세제곱미터는 나무 몇 그루에 해당할까? 단순 추산으로만 타이완삼나무 세 자매 같이 커다란 나무 20만 그루에 해당하는 숫자다. 단, 과거에 주로 벌채됐던 수종은 비교적 진귀한 회목이었다.

지금부터는 내가 탐정 흉내를 냈던 이야기를 해보려고 한다. 2018년 초, 우리는 타이베이식물원 표본관에서 타이완삼나무 특별 전시회를 기획했다. 한 동료가 일본 식민지 시대에 촬영된 유리 건판*을 디지털화해서 전시회 포스터를 만들었다. 이 사진의 주인공은 하늘을 찌를 듯 곧게 뻗은 타이완삼나무 한 그루였다.

그 타이완삼나무는 아직도 그곳에 있을까? 나는 실제 나무가 보고 싶어졌다.

사진은 1930년 쇼와 시대에 촬영된 것으로, 유리 건판에는 손으로 적은 주석이 좌우가 반전된 채로 적혀 있었다. '왼쪽 츠가오산次高山**, 오른쪽 다바젠산大霸尖山.' 나는 산과 봉우리를 표시해주는 피크파인더PeakFinder라는 앱을 이용해 산의 형태를 대조했고, 사진이 루양다산鹿陽大山 방향에서 촬영된 것이라고 판단했다. 이에 대해 페이스북 친구들에게 의견을 구했더니 한 친구가 이의를 제기했다. 그는 유리 건판 주석의 좌우가 반전되어 있긴 하지만 내용은 그렇지 않다며, 이 사진이

---

* 유리판에 감광제를 발라 건조한 것으로 아날로그 필름의 원형이다.

** 일본 식민지 시대에 쉐산을 부르던 이름.

쉐산산맥 서부가 아닌 동부에서 촬영된 것이라 추측했다. 게다가 이 타이완삼나무를 촬영한 유리 건판이 하나 더 있었는데 그 위에도 이런 주석이 달려 있었다. '타이핑산太平山. 미나모토源.'

그 친구는 타이핑산의 자뤄加羅 부근에서 쉐산 방향으로 촬영했을 거라고 했다.

나는 고도古道*를 탐사하는 동호회에 자문을 구했다. 마침 타이핑산의 옛 임장林場** 부근 유적에 관심이 있어 몇 번이나 그곳을 탐사했다는 사람이 나타났다. 계곡 등반 베테랑이라는 한 네티즌은 미나모토 현장 사무소로 추정되는 곳의 좌표를 알려주기도 했다. 그러나 그들이 택한 방식은 마른 도랑에서부터 물길을 거슬러 올라가는 방식이었다. 그 방법으로 계곡을 등반하려면 장비를 잔뜩 짊어지고 이동해야 하는 데다, 고산의 차가운 계곡물에 몸도 담가야 했다. 솔직히 나는 그렇게까지 자학적인 활동을 좋아하지는 않는다(웃음).

일본 식민지 시대의 옛 문헌을 뒤져보았다. 해발 1980미터에 위치한 미나모토는 당시 사진사들이 매우 좋아했던 촬영지라고 했다. 그렇다면 전망도 분명 좋을 것이었다. 그 무렵 나는 마침 동물 추적 전문가 아차오阿超를 알게 되었다. 그 역시 유적을 찾는 데 관심이 있었다. 우리는 논의 끝에 자뤄 호수에서 걸어서 접근하는 편이 더 유리하며, 가는 길을 크게 걱정할 필요도 없다는 결론을 내렸다. 그렇게 2018년 5월의 어느 날, 우리는 미나모토에 있는 타이완삼나무를 찾

---

* 타이완 근대 이전에 개발된 통행 도로.

** 산림을 육성하고 벌채하는 장소로, 타이핑산은 일본 식민지 시대 타이완의 3대 임장 중 하나였다.

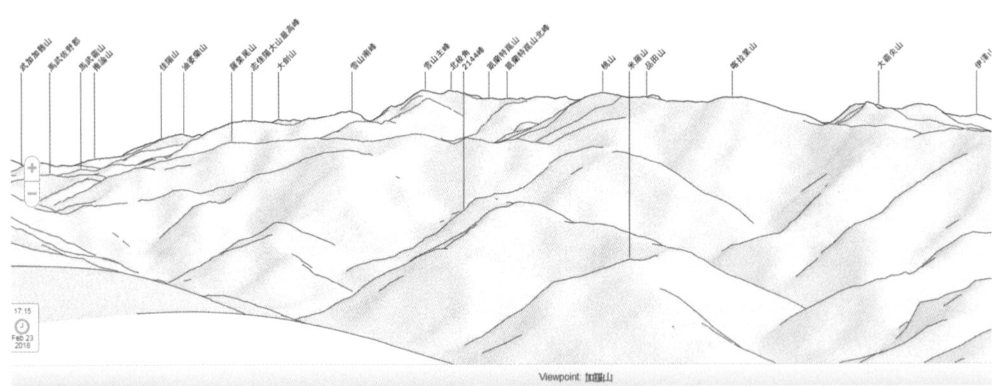

PeakFinder

Support

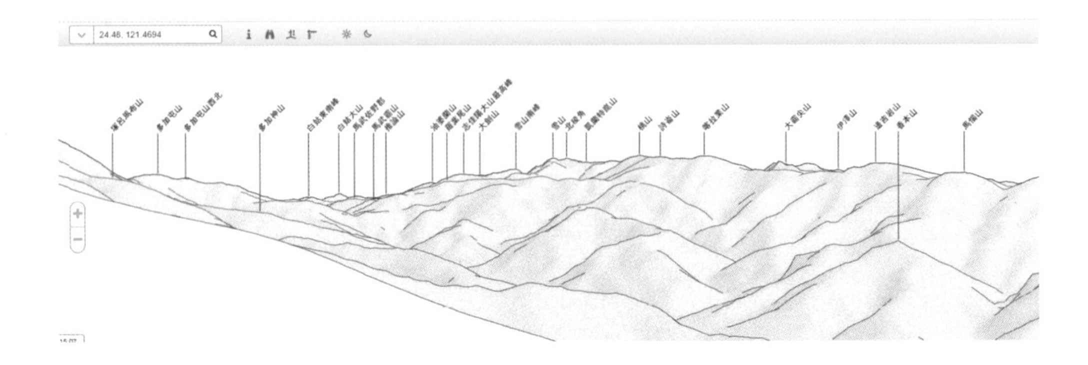

五、沿道に於ける施設景勝

1. 羅東貯木場

構内にありまして水面積は約十萬平方米あります。約

を設け木材の積卸積込に使用して居ります。

2. 天送埤發電所

粁、宜蘭濁水溪の水流を利用し臺灣電力株式會社經營

はれて居ります。

3. 圓山鐵線橋

ります長さ三百六十米幅二米餘附近の風景絶佳であ

、彼の有名なる生蕃討伐隊丸山支隊の建設したもので

ります。

4. 土場 (海拔高四〇二米)

十六粁餘、森林鐵道の終點にあります。多望溪畔に位

て中分ありません。温泉は鐵性鹽類泉であつて胃腸病

道が二本ありまして太平山事業地に於て伐採された木

して主索形質はラングレー式七本線六撚從約一寸保證

ります。

5. 太平山 (海拔高一、四〇五米)

心地にして事務所、倶樂部、加羅山神社、小學校、郵

ることが出來ます。尚冬季に於ては南國に珍らしき白

6. ムルロアフ (海拔高二、三一八米)

粁、約八千尺の高地にして臺灣十勝の一に數へられ、附

囘り四方の展望雄大を極め東に太平洋西に次高大霸尖

7. 多聞溪鐵線橋 (海拔高一、五三八米)

クナン溪上に架り多聞溪見晴を連絡して居ります。長

ります。

8. 源(ミナモト) (海拔高一、九八〇米)

餘附近には上下二段に區劃したインクラインがありま

められ山腹より湧き出る白雲は雄大なる自然美を一層

9. 鳩の澤

、深山幽谷の地にありまして多量の温泉を湧出して

諸施設の中心地が此處に移ること、なる豫定で遠から

1 쓰지四季 임도에서 보이는 다바젠산, 샤오바젠산과 성聖 능선.

2 피크파인더를 이용해 촬영지로 추정되는 곳의 능선 모양과 대조했다.

3 임업시험소에 소장된 쇼와 시대 타이완삼나무의 유리 건판 사진.

4 일본 식민지 시대 문헌에 기록된 미나모토 현장 사무소의 해발과 자료.

1	3
2	4

는 여정을 시작했다.

그날은 바람도 잔잔하고 날씨도 화창했다. 우리는 임도에서 거대한 그루터기를 보았다. 그 그루터기 뒤로는 공교롭게도 다바젠산과 쉐산이 펼쳐져 있었다. 설마 이 그루터기가 사진 속의 그 타이완삼나무인 걸까? 차마 믿고 싶지 않았다. 그러나 타이핑산 임장은 일본 식민지 시대부터 국민당 정부 시대에 걸쳐 이뤄진 벌채 탓에 완전히 소실됐다(눈물). 나는 아차오와 잡담을 나누며 둔덕을 올랐다. 해발 2000미터에 가까워졌을 때 눈썰미 좋은 아차오가 지면에 남아 있는 레일을 발견했다. 추후에 전문가가 확인해준 바로 그곳은 류룽터우流籠頭*로 짐을 수송하던 로프웨이 유적이었다. 그래서 우리는 부근을 수색해보았다. 아차오는 풀과 나무로 뒤덮인 건물 테라스의 흔적도 발견했다. 우리의 목표인 미나모토에 가까워진 듯했다.

그러나 갑자기 안개가 끼기 시작했다. 게다가 다바젠산과 쉐산이 있는 방향으로는 울창한 숲이 시야를 가로막고 있었다. 탐사 날짜를 다시 잡아 그때에는 아침 일찍 나무에 올라 쉐산 방향을 보아야 할 듯했다.

한 달 뒤, 나는 브라이언과 후배를 데리고 다시 그곳에 갔다. 화창하게 갠 날이라 임도에서도 다바젠산이 선명하게 보였다. 우리는 아침 일찍 움직여 지난번에 도달했던 유적지까지 재빠르게 올라갔다. 하지만 나무에 오른 지 5분 만에 안개가 끼기 시작한 탓에 비교적 가

* 지룽基隆 서쪽 부두 일대로, 산에서 캔 석탄을 로프웨이로 실어 나른 종점이다. 타이완어로 로프웨이를 류룽이라 불렀으므로 류룽터우가 되었다고 한다.

까운 거리의 샹번산香本山만 볼 수 있었다. 그래도 피크파인더로 촬영해보니 그 능선은 유리 건판에 나온 능선과 거의 일치했다. 90년 전의 촬영 지점을 찾은 것이다.

단, 내 예상대로 유리 건판 속의 멋진 타이완삼나무는 이미 사라진 뒤였다. 내가 100년은 일찍 태어났어야 했던 모양이다. 그랬더라면 두 눈으로 그 나무를 볼 수 있었을 텐데.

그토록 커다란 타이완삼나무에게 90년이라는 시간은 대수도 아니었겠지만, 나는 단지 그 나무가 시대와 장소를 잘못 만난 게 안타까울 뿐이다.

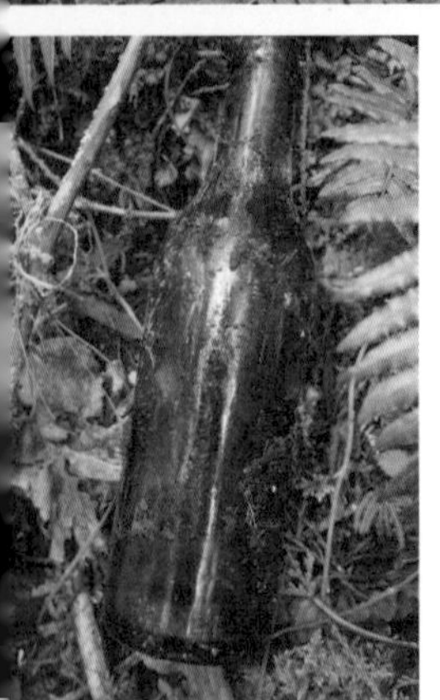

1 미나모토 현장 사무소 부근에 있는 테라스 유적.

2 1947년 즈음에 생산된 진신進馨 탄산수 공병으로, 미나모토 부근에서 발견됐다.

3 류룽터우의 로프웨이 유적.

4 벌채된 타이완삼나무처럼 보이는 거목의 그루터기.

5 이정표 역할을 하는 자뤄산 등산로 입구의 홍회 거목.

1		4	5
2	3		

속박된 옛 영혼

2017년 봄, '나무를 찾는 사람들'은 오랫동안 말로만 듣던 단다丹大 임도에 진입했다. 그해 임도 상태는 좋지 않았다. 우리가 혼탁한 계곡물 위에 임시로 놓은 다리를 건너 단다 임도에 진입하자, 현지의 산악 안내인이 오토바이를 조달해주었다. 브라이언과 나는 오토바이 한 대에 함께 탑승했다. 이제 와 말하자면 오토바이를 타는 것 역시 위험한 선택이었다. 온몸을 잔뜩 긴장해야 하는 것은 물론, 나무에 오를 장비까지 등에 짊어져야 했으니 말이다. 오토바이를 타고 서너 시간을 달린 끝에 겨우 하이톈사海天寺에 도착했다. 내 손발은 암벽을 탈 때보다 더욱 덜덜 떨리고 있었다!

이번 여정은 2004년에 출간된 황자오궈黃昭國 기자의 대작, 『타이완 신목지台灣神木志』 상·하권을 책장에서 찾아내는 통에 시작되었다. 나는 타이베이국제도서전에서 이 보물을 얻었는데, 이후 뉴질랜드의 타이완삼나무 덕분에 황자오궈 기자 본인과도 알게 되었다. 큰 나무는 진짜로 인연을 맺어주는 능력을 갖고 있는 게 틀림없다.

어쨌든 그 무렵의 우리는 사방의 커다란 타이완삼나무를 섭렵하고 있었다. 책에 따르면 과거 단다 임도 끄트머리에 있던 단예丹野 농장은 카서卡社강 상류에 있는 임무국*의 7임반**으로, 모수림母樹林***을 관리하고 보호했다고 한다. 그 모수림에는 커다란 회목뿐만 아니라 타이완삼나무도 있었는데, 일련번호가 81번까지 있었다고 한다. 이로 보건대 타이완삼나무는 현지에서도 우세한 수종이다.

나는 구이후鬼湖를 탐사하며 알게 된 단다의 아이, 진궈량金國良(별명은 사냥꾼)에게 안내를 부탁했다. 그는 현지의 임반을 잘 아는, 날다람쥐라는 별명을 가진 부눈족**** 원주민을 수소문해주었고, 모수림 탐사에도 동행했다. 황자오궈 기자가 책에서 나열한 나무 중 가장 큰 나무가 50미터를 채 넘지 않았으니, 단다의 나무도 유별나게 크지는 않겠지? 나는 이러한 생각으로 50미터짜리 수목용 로프 두 타래를 챙겨 출발했다.

첫날 우리는 오토바이를 타고 단다 임도 46킬로미터를 달려 하이톈사에 도착했고, 그 맞은편에 있는 옛 임무국 숙소 쑹타오松濤 산장에서 밤을 보냈다. 해발 2256미터 고도에 자리한 하이톈사는 1977년

* 한국의 산림청에 해당하는 타이완의 기관.

** 산림 관리를 위한 고정적인 구획 단위.

*** 임업용 종자나 묘목을 얻기 위해 조성한 숲.

**** 타이완 중부 산지에 거주하는 고산족에 속하는 부족의 명칭.

1 대만가문비나무 수관층에 무성한 이렬진아백란二裂唇莪白蘭, Oberonia caulescens.

2 타이완삼나무 수관층의 교순란撬唇蘭, Holcoglossum quasipinifolium. 그 왼쪽으로 타이완삼나무의 귤색 수꽃이 보인다.

3 타이완삼나무 아이언맨의 수관층에 사는 착생식물 소번룡小攀龍, Dendrobiu, fargesii.과 관관란. 이곳에 늘 드나드는 날다람쥐의 대변은 퇴비가 된다.

4 드론으로 촬영한 카서강 옆의 숭원윈.

1	4
2	
3	

창건된 절로 지장왕, 관세음보살, 항해의 여신 마조媽祖를 모시는 곳이다. 법당 양쪽에는 '바다가 산천과 통하니 강과 산이 어우러지고, 하늘이 열리고 일월이 서로를 비추니 세상이 밝아지네'라는 대련이 붙어 있었다. 벌목이 워낙 위험한 일이다보니 평안을 기원하러 오는 사람이 많아, 이곳은 자연스레 현지 벌목공들이 찾는 신앙의 중심지가 되었다. 우리도 나무에 오를 예정이었으므로 남들처럼 기원도 드리고 하이톈사의 유명한 낙조도 감상했다.

단다 임도는 1958년 전창목업振昌木業의 창업자 쑨하이孫海가 만들었는데, 시작점인 쑨하이 다리부터 8임반까지는 80여 킬로미터나 된다. 쑨하이는 단다 산림 구역 5000만 제곱미터의 벌채권을 낙찰받자 자금을 쏟아 임도를 건설했고, 그곳에서 자라는 진귀한 회목을 대량으로 벌채해 수출했다. 1971년 도쿄 메이지 신궁의 도리이*를 중건할 때 쓴 편백의 원산지가 바로 단다 산간지대다. 그러나 전창목업은 벌목한 숲을 제대로 복원하기는커녕 개인 농장에 그 소유권을 넘겨 양배추 재배지로 만들어버렸다. 1987년 잡지 『인간人間』의 기자 라이춘뱌오賴春標가 이 실태를 보도해 대중의 공분을 끌어냈고, 그렇게 첫 삼림 운동이 일어났다. 그리고 이 운동은 훗날 타이완 정부의 천연림 벌채 금지 정책에도 간접적으로 영향을 주었다.

이튿날 우리는 하이톈사에서 출발했다. 카서강을 절반도 내려가지 않았는데 벌써 거대한 타이완삼나무가 보였다. 대만가문비나무와 편백도 있었다. 나는 즉흥적으로 계획을 변경해 캠프 설치 이전에 측량

* 일본 신사의 입구에 세우는 기둥 문.

부터 진행하기로 하고, 야영지 근처에 홀로 우뚝 서 있는 대만가문비나무를 그 대상으로 골랐다. 그 결과 나무는 위산玉山국가공원 타타자塔塔加에 있는 대만가문비나무의 기록을 곧바로 깨버렸다. 나무 높이는 62.4미터로 타타자의 나무보다 20미터나 더 높았다. 앞서 말했듯이 단다의 나무를 우습게 봤던 나는 수목용 로프를 100미터만 챙긴 상황이었다. 이걸로는 메인 로프를 고작해야 30~40미터 높이까지만 설치할 수 있었다. 이 상황에서 우듬지까지 올라가려면 메인 로프 고정점을 지나고도 한참을 더 올라가야 했다.*

다행히 나무는 건강했고 나뭇가지도 무성해서 마른 나뭇가지와 그에 팬 홈을 붙들면 올라볼 만했다. 단, 그러려면 동작이 날렵해야 했고, 확보 지점이 평소보다 낮은 데 따른 위험도 감수해야 했다. 정작 나는 암벽 등반을 하는 듯한 기분이 들어 잔뜩 신이 났다. 우리는 이후 거목의 천국으로 안내해준 단다의 아이에게 감사하는 마음을 담아, 그의 아내 이름을 따서 그 나무를 '쑹윈윈松雲雲'이라고 명명했다.

이튿날에는 근처의 타이완삼나무에 올랐다. 나무의 높이는 65.4미터였다. 수관층에 오르자 저 멀리 간줘완산干卓萬山의 능선이 바라다보였다. 당시는 온 계곡의 타이완삼나무가 꽃을 피우던 시기였기에 로프를 설치할 때면 타이완삼나무의 샛노란 꽃가루가 공중에 흩날리며 몽환적인 광경을 연출했다. 그 타이완삼나무는 철사로 꽁꽁 묶인 삭

* 나무에 오를 때는 우선 높은 나뭇가지에 메인 로프를 설치하고 그에 의지해서 오른다. 이 방식은 확보 지점이 위쪽에 있으므로 혹여 등반자가 추락하더라도 비교적 다칠 위험이 적다. 그러나 이러한 메인 로프 설치가 어려울 때는 암벽 등반을 하듯 가장 먼저 나무에 오르는 사람이 중간중간 로프를 고정하여 후발대가 등반할 수 있는 확보 지점을 만들어주어야 한다. 이 경우, 가장 처음 등반하는 사람의 부담이 클 수밖에 없다.

1 2021년 2월 카서강에서 대만가문비나무 거목을 탐사하다 물사슴의 머리뼈를 주웠다.

2 도로 사정이 좋지 않은 단다 임도를 조사할 때 오토바이는 매우 중요한 교통수단이다.

3 '나무를 찾는 사람들'이 자갈로 가득한 비탈길을 올라 거목을 탐사하고 있다(셰안안謝安安 촬영).

4 나무를 찾느라 카서강 상류에 쓰러진 나무 위를 건넜다.

1	2	4
3		

도목索道木*이었고, 우리는 그에게 '아이언맨'이라는 이름을 붙였다. 나중에 보니 쑹윈윈의 밑동에도 철사가 친친 감겨 있었다. 무척 가슴 아픈 장면이었다.

2014년 치라이의 동東능선을 올랐던 때가 떠올랐다. 파퉈루산帕托魯山의 산길에는 과거에 쓰였던 삭도목이 군데군데 남아 있었다. 대부분은 이미 말라 죽은 상태였는데, 손가락 두세 개를 합쳐놓은 굵기의 철사가 나무껍질을 벗겨낸 탓이었다. 파퉈루산에서 연해의 임도로 내려가던 중 마주한 가장 인상 깊었던 장면은 철사에 꽁꽁 묶인 커다란 편백이었다. 40년이 넘는 세월 동안 거칠게 결박되어 있던 이 커다란 나무는 아직까지도 고집스럽게 생존해 있었다. 나는 내 손이 닿을 수 있는 경우라면 나무껍질을 파고든 철사를 힘껏 잡아당겨보았다. 하지만 내 연약한 힘으로는 어림도 없었다. 과거 벌목꾼들이 두껍고 튼튼한 팔로 단단히 옭아매놓은 철사를 풀기란 하늘에 오르는 것보다 더 어려웠다.

그날 밤 나는 9K 일꾼 숙소에 몸을 뉘었지만 그 나무의 고통이 느껴지는 듯하여 잠을 이루지 못하고 뒤척였다.

「단다 산림 지구 벌채 현장 보고서」가 실린 『인간』의 1987년 23호 표지에는 철사에 단단히 묶인 삭도목 한 그루가 있다. 그 나무는 결국 베어졌다. 나는 그 나무를 생각하다, 잔인하게 서서히 죽이느니 단칼에 죽이는 편이 훨씬 더 낫겠다는 생각까지 했다.

* 베어낸 나무를 끌어내기 위한 지렛목으로 쓰이는 나무로, 가장 먼저 벌채하는 회목을 제외한 다른 수종 중에서 크고 건장한 나무가 삭도목으로 선택된다-원저자.

근 몇 년간 우리는 쑹윈윈처럼 철사에 묶인 삭도목들이 마음에 걸린 채로 지냈다. 그러나 이런 나무 대부분은 전기를 사용할 수도, 차량이 접근할 수도 없는 곳에 있어 손쓸 도리가 없었다. 그러던 2021년 2월 말, 우리는 다시 카서강으로 향했다. 공격수 극락조의 충전식 강력 절삭기로 쑹윈윈 밑동을 감은 철사를 끊어내기 위해서였다. 그리고 그 일은 뜻밖에도 단숨에 성공했다. 모두가 힘을 합쳐 나무를 다섯 바퀴나 감고 있던 철사를 풀어낸 것이다. 철사가 떨어져 나간 자리에서는 나뭇진이 뚝뚝 흘러나왔다.

그 모습을 본 극락조는 나무가 피를 흘리는 거라고 했다.

나는 나무가 자신이 다시 태어났음을 알리는 눈물을 흘리는 거라고 생각했다.

1 극락조가 절삭기로 대만가문비나무 쑹윈윈을 동여매고 있던 철사를 자르고 있다.

2 철사에 묶인 타이완삼나무 아이언맨.

3 '나무를 찾는 사람들'의 요리사 샤오양小楊(셰안안 촬영).

4 단예 농장의 양식장에서 빠져나와 카서강으로 흘러들어온 송어를 낚아 요리했다.

5 송어탕이 너무 맛있어서 깨끗이 먹어치웠다.

6 '나무를 찾는 사람들'의 팀원들이 서로 도와가며 계곡을 건너고 있다.

7 도로 사정이 좋지 않을 때면 삽을 들고 직접 문제를 해결해야 한다.

<table>
<tr><td rowspan="3">1</td><td rowspan="3">2</td><td>3</td><td rowspan="2">6</td></tr>
<tr><td>4</td></tr>
<tr><td>5</td><td>7</td></tr>
</table>

타이완삼나무
세 자매

수관층 연구란 늘 비주류 소수 그룹에 속하는 일이다. 그러나 이 분야에 속해 있다면, 『내셔널지오그래픽』이 2009년 미국 레드우드국립공원에서 진행한, 세계에서 가장 큰 나무인 레드우드의 등신等身 사진을 촬영한 프로젝트를 모르지 않을 것이다. 당시 촬영 팀은 막대한 인력과 자본을 투입해 고공 레일을 설치한 뒤, 전문 촬영 장비를 수직으로 이동시켜 높이 100미터에 가까운 레드우드를 모든 각도에서 촬영했다. 그렇게 찍힌 사진들은 컴퓨터 영상 처리 기술로 이어붙여졌고, 그 결과 왜곡 없는 레드우드 등신 사진이 완성됐다. 해당 프로젝트는 나무의 특정 고도마다 인물을 배치하기도 했는데, 이는 거목의 웅장함과 인류의 미미함을 대조함으로써 거목에 대한 애정을 불러일으켰다.

한 장의 이미지가 원시림 보호와 육성의 중요성을 널리 알린 셈이다.

나 역시 수관층 생태 연구에 오랫동안 몸담아왔으므로 타이완 원시림의 아름다움과 야성이 유네스코 세계자연유산으로 지정된 곳들에 전혀 뒤지지 않는다는 사실을 잘 알고 있었다. 그랬기에 레드우드 촬영 프로젝트와 비슷한 프로젝트를 진행하고 싶다는 꿈을 꾸기도 했다. 그러나 내겐 경험과 연구 데이터가 부족했고, 막대한 자금을 조달할 곳도 없었다. 그때까진 꿈은 어디까지나 꿈일 뿐 실현 가능성은 거의 없다고 생각했다.

2016년 8월, 나는 런던에서 열린 국제 수관층 심포지엄에서 젠 생어 박사를 우연히 만났다. 그는 당시 뉴질랜드 노스아일랜드의 수관층 연구자와 협력해 현지 고유종 침엽수인 약 45미터짜리 리무Rimu, *Dacrydium cupressinum*의 등신 사진을 촬영했다고 했다. 최신 로프를 이용하는 트리 클라이밍 기술과 진일보한 디지털 그래픽 기술 덕분에 『내셔널지오그래픽』 팀이 들인 예산보다 훨씬 더 적은 금액으로도 세상 사람들에게 놀라움을 안길 영상을 완성했다는 것이다.

나는 마침내 때가 되었다고 생각했다. 곧바로 생어 박사에게 물었다. 타이완으로 와서 동아시아에서 가장 큰 나무 중 하나인 타이완삼나무를 촬영해볼 생각은 없으신가요? 기쁘게도 그는 긍정적인 반응을 보였다.

좋은 소식이 또 있었다. 그해 말 수토보전국*은 자료 수집에 필요하다는 수문기상관측소의 요청을 받고 큰 예산을 들여 끊겼던 170임

---

* 수자원과 지질 자원을 관리하는 타이완의 기관.

	2
1	3
	4

1 '나무를 찾는 사람들'이 가장 처음 올랐던 거목. 대만넓은잎삼나무 68씨.

2 스티브는 전문 촬영기사이자 아보리스트다.

3 나무에 오르기 이전의 준비 작업(루샤오무陸小牧 촬영).

4 젠은 이번 프로젝트의 지휘자이자 착생식물을 연구하는 박사다(루샤오무 촬영).

도를 복구했다. 치란산의 타이완삼나무 세 자매가 있는 곳까지 차량으로 장비를 운반할 수 있게 된 것이었다. 170임도가 복구되기 이전인 2014년까지만 해도 타이완삼나무 세 자매를 만나기 위해서는 모든 장비를 직접 짊어진 채 걸어가야만 했다.

치란은 안개 낀 날이 연평균 300일을 넘는 다습한 숲으로, 비교적 건조한 여름에도 태풍의 습격을 받을 가능성이 있었다. 그래서 촬영 일정을 겨울철 동북 계절풍이 잦아들고 장마철이 시작되기 전인 4, 5월로 잡아야 했다. 오스트레일리아 촬영 팀도 그때쯤 말레이시아에서의 합동 조사 프로젝트가 끝나므로 타이완에 방문할 수 있었다. 촬영기사 스티브 피어스와 프로젝트 지휘자 젠 생어는 수백 킬로그램에 달하는 카메라와 클라이밍 장비를 가지고 2017년 4월 18일 타이완에 도착했다. 그들은 체류 기간 한 달 중 3주를 치란 산간지대에서 야영하며 촬영할 예정이었다.

밤늦게 도착한 촬영 팀은 아주 짧은 휴식만을 취한 뒤 20일 새벽, 곧바로 나를 따라 현지답사를 시작했다. 치란 산림지대로 들어가는 내내 재잘재잘 토론하던 스티브와 젠은 이러한 결론을 내렸다. 타이완의 산은 눈 없는 뉴질랜드라고.

현장에 도착한 그들은 타이완삼나무 세 자매를 보자마자 어떠한 의심도 없이 그것을 촬영해야 한다고 직감했다. 그러나 스티브가 요구한 현장의 장비 가설 작업은 의외로 난도가 높았다.

이 프로젝트의 애로 사항은 다름 아닌 촬영 대상인 타이완삼나무 세 자매가 인근에서 가장 큰 나무라는 사실이었다. 카메라 이동에 쓸 촬영용 레일을 가설하려면 타이완삼나무 세 자매보다 크거나 최소한 비슷한 크기의 나무 두 그루에 로프를 걸어야 했지만 그런 나무를 찾을 수 없었다. 하는 수 없이 산비탈 위에 자란 나무에 레일을 설치해야 했다. 현장을 한참 살펴보던 스티브는 타이완삼나무 세 자매에서 수평거리로 50미터 떨어져 있는 나무를 지목했다. 나는 레일을 가설하려면 지상 60미터 높이에서 공기총을 쏘아 55미터나 떨어져 있는 목표물을 명중시켜야 한다는 생각에 머리가 지끈거렸다. 이 문제는 능숙한 아보리스트 파트너들에게 맡길 수밖에 없었다. 기술지원팀은 주말인 이틀 뒤 4월 22일과 23일에 올 예정이었다.

그리고 그날, 내가 가장 두려워하던 일이 발생했다. 큰비가 내리기 시작한 것이다. 공중에 로프를 설치할 기술지원팀 대다수는 무보수 자원봉사자들로, 평일에는 본업이 있었다. 그렇기에 레일 가설 일자를 휴일인 주말로 잡아야 했는데, 하필 그날 낮부터 비가 억수같이 쏟아지기 시작한 것이다. 지원팀은 지상 50미터가 넘는 허공에 매달린 채 거세게 퍼붓는 비까지 맞으며 작업을 하느라 온몸이 흠뻑 젖고 입술도 퍼렇게 질렸다. 지상의 스태프들과 공중의 지원팀 간 의사소통도 어려웠다. 다행히 우리의 공격수 극락조가 쏜 첫 발에 로프가 기적처럼 타이완삼나무와 위성목衛星木*인 편백에 걸렸다. 시야가 좋지는 않았지만 두 나무 사이를 연결하는 레일도 한 번에 성공적으로 설치

* 촬영 레일을 가설하는 데 쓴 맞은편 큰 나무. 당시 우리는 편백과 타이완삼나무 세 자매 중 둘째 나무에 올랐다. 극락조가 다시 편백에서 타이완삼나무를 향해 로프를 쏘았고, 타이완삼나무에 올라가 있던 브라이언이 로프를 받아 두 나무를 연결했다―원저자.

1 수관층에서 내려다본 캠프.

2 타이완삼나무 수관층의 소막개고사리小膜蓋蕨, Davallia clarkei(스티브 피어스 촬영).

3 타이완삼나무 수관층의 불갑초佛甲草, Sedum lineare.

4 타이완삼나무 수관층에서 자라는 착생란 소번룡.

5 타이완삼나무 세 자매 앞에서 수직 낙하하는 아보리스트(스티브 피어스 촬영).

6 '나무를 찾는 사람들'이 타이완삼나무 세 자매 중 둘째 나무와 첫째 나무 사이를 지나가고 있다(스티브 피어스 촬영).

	1		5
2	3	4	6

했다. 하늘은 스스로 돕는 자를 돕는다던 말 그대로였다. 우리 모두는 저체온 상태로 첫째 날의 작업을 마무리했다.

다음날은 모두 더욱 분발했다. 아침 일찍 날씨가 좋은 틈을 타서 공격수 세 명이 나무에 올라가 레일을 설치했다. 그러나 낮이 되기도 전에 온 숲이 또다시 한 치 앞도 보이지 않는 짙은 안개에 휩싸였다. 나는 하늘이 우리의 의지를 시험하는 거라며 스스로를 위로할 수밖에 없었다.

스티브는 다시 한번 주변을 살폈다. 우리는 촬영 레일의 메인 로프 조정에 쓸 두 번째 유도 로프는 수문기상관측소에서 쏘기로 했다. 이 작업 역시 쉽지 않았는데, 두 지점의 거리가 약 200미터에 달했기 때문이었다. 게다가 공기총을 쏴야 하는 사람은 목표물을 볼 수도 없었다. 지상의 스태프들도 짙은 안개로 뒤덮인 밀림에서 발사 후 어디로 떨어졌는지 모를 투명한 낚싯줄*을 찾아야만 했다. 다시금 돌이켜보아도 절망적인 상황이었다. 하지만 우리는 두 번째 발을 쏜 뒤 날이 저물기도 전에 이 모든 임무를 완수했다. 도저히 믿을 수 없는 일이었다. 어쩐지 스티브가 3주 뒤 치러진 뒤풀이에서 오스트레일리아에서는 2주나 걸렸던 시스템 설치를 타이완에서는 단 이틀 만에 성공했다고 계속 강조하더라니. 타이완 팀의 긴밀한 협조가 대단히 인상적이었던 모양이다.

촬영 시스템을 가설하는 과정에는 이런저런 세심한 기술과 노하우

---

* 나뭇가지에 로프를 설치할 때는 낚싯줄에 연결한 탄환을 새총이나 공기총으로 쏜 뒤 나뭇가지에 줄이 걸리게끔 만든다. 그 후 그 끝을 로프와 연결한다.

가 발휘됐으며, 코믹한 사건도 꽤 있었다. 그러나 여기에 굳이 상세하게 적을 필요는 없을 것이다. 촬영이 끝난 뒤 프로젝트에 동원된 총인원을 추산해보았더니 하루 156명에 달했다. 사용된 로프의 길이도 1140미터에 달했다. 이토록 서사시처럼 장엄한 협업이라니, 정말 감동적이었다.

이것 말고도 다행스러웠던 일이 또 있다. 시스템을 설치하는 이틀 동안은 큰비로 고초를 겪었지만, 나머지 2주 간의 촬영 기간에는 날씨가 대부분 맑았으므로 현지에서 야영하던 스태프들도 그다지 힘들어하지 않았다. 그런데 촬영이 끝나자마자 장마전선이 북상했다. 타이완 북부에는 그간의 기록을 깰 만큼의 많은 비가 내렸고, 그 탓에 산간지대의 도로가 끊겼다. 이 모든 것을 생각해봤을 때, 타이완 세자매 등신 사진은 하늘의 시기와 땅의 이점과 사람의 조화가 기막히게 어우러진 결과물이라고 할 수 있었다!

지금도 이때의 일을 돌이켜 생각할 때마다 여전히 믿기가 어렵다. 포르모자 산림의 가호에 진심으로 감사할 따름이다.

1 2014년 처음 타이완삼나무 세 자매를 찾아갔을 때의 사진.

2 타이완삼나무 거목의 나뭇가지에도 수많은 수관층 동물이 서식하고 있다. 착생식물 위에도 동물의 흔적이 많이 남아 있다.

3 비닐봉지가 연상되는 빨간색과 흰색 줄무늬의 요엽월귤凹葉越橘, Vaccinium emarginatum. 종 모양의 꽃잎이 대단히 귀엽다.

4 운무림 생태계의 지표식물*중 하나인 물이끼.

5 타이완삼나무의 수구과.

6 깜찍하고 귀여운 동방육수야모란東方肉穗野牡丹, Sarcopyramis napalensis var. delicata.

	2	3
1	4	5
	6	

* 기상, 토양 등의 환경 조건을 나타내는 지표가 되는 식물 또는 식물 군락. 혹은 식물의 성장 상태 등 특징에 의한 특수한 성장 조건을 반영하는 식물.

남십자성 아래의 타이완삼나무

코로나19 탓에 섬에 갇혀 2020년을 보내려니 3년 전 떠났던 뉴질랜드 여행이 자주 떠오른다.

2015년 9월, 나는 동료로부터 국제수목학회 뉴질랜드 분회의 노老선생 그레이엄 다이어가 내게 보낸 메일을 전달받았다. 1972년 학회가 타이완 대사관의 도움으로 임업시험소로부터 얻은 타이완 원산지 수종의 종자를 뉴질랜드 노스아일랜드의 맥라렌공원에 심었고, 현재 그 씨앗이 매우 훌륭한 나무로 자랐다는 내용이었다. 그중에서도 타이완삼나무는 2010년 국제수목학회로부터 올해의 나무trees of the year, Taiwania로 선정돼 특집 보도됐단다. 다이어 부부는 2011년 타이완 여행 당시 임업시험소를 방문한 적도 있다고 했다. 이 선생의 가장 큰 소원은 원생지에서 자라는 야생의 타이완삼나무를 보는 거라고 했다. 그는 야생의 타이완삼나무를 보려면 위산 산간지대로 가야 하는지, 일정은 어떻게 짜야 하는지 등을 문의해왔다. 나는 그렇게 멀리까지 갈 필요는 없다고, 당일치기로 치란 산간지대에만 가도 큰 나무를 볼 수 있으니 기꺼이 그들과 동행하겠다고 답장했다. 내가 수관층협회에 기고했던 타이완삼나무 세 자매에 관한 글도 참고차 보내주었다.

부부는 그해 11월 타이완을 방문했다. 나와 브라이언은 차를 몰고 치란 산간지대의 160임도로 그들을 데려갔다. 그곳에서 야생의 타이완삼나무를 마주한 70여 세의 그레이엄은 곧게 뻗은 거목을 바라보며 오랫동안 흥분을 억누르지 못했다. 그는 귀국 후 감격으로 충만한 편지를 보내왔다. 이제 보니 자신이 뉴질랜드에 심었던 타이완삼나무는 고작해야 아기 수준이었다며, 원생지의 나이 많은 나무와는 분위기가 완전히 다르다고 했다. 또 이번 여행에 대해 뉴질랜드 수목학회보에 발표했다면서 글의 행간에서도 타이완삼나무에 대한 사랑을 드러냈다.

여기서 잠시 곁가지 이야기를 하자면, 2016년 3월 '나무를 찾는 사람들'은 역사 문화 탐방 프로그램인 「MIT타이완지MIT台灣誌」의 촬영팀과 함께 160임도로 향했다. 바로 이 야생 타이완삼나무에 올라 촬영하기 위해서였다. 사람과 나무의 인연이란 이토록 신기하다.

더욱 공교로운 일은 내가 국제 수관층 심포지움에서 만난 젠과 스티브에게 타이완삼나무 세 자매 촬영을 제안한 2016년, 다이어 부부는 내게 뉴질랜드판 『내셔널지오그래픽』 2016년 봄 호를 보내왔다는 사실이다. 잡지의 표지 기사는 오스트레일리아 촬영 팀이 뉴질랜드

1 그레이엄이 40년 전 맥라렌공원에 심은 타이완삼나무는 지름이 3미터에 달하는 커다란 나무로 성장했다.

2 브라이언과 나는 장원에서 그레이엄이 직접 심은 수많은 거목을 보았다.

3 그레이엄이 직접 심은, 매우 독특한 형태의 타이완오엽송台灣五葉松, Pinus morrisonicola.

4 다이어 부부는 대단히 친절했다. 우리 둘을 위해 수관층을 탐색하는 유명한 생태 여행 프로그램을 일정에 넣어주었다.

5 뉴질랜드는 타이완과 마찬가지로 양치식물 생태로 유명한 섬나라다. 뉴질랜드 올림픽 대표팀 단복에도 양치식물 문양이 새겨져 있다.

	2	3
1	4	
	5	

에서 진행한 첫 번째 거목 등신 사진 촬영 프로젝트에 관한 내용이었고, 그들이 촬영한 수종은 뉴질랜드 특산종인 리무였다. 내가 페이스북에 공유한 잡지 표지를 본 젠은 대단히 흥분했다. 아무래도 타이완삼나무가 세계 각지의 사람들을 연결해준 것만 같아 무척 신기했다.

다이어 부부는 친절하게도 야외 활동을 좋아하는 나와 브라이언을 자신들의 장원莊園에 초대했다. 남반구에서 생장하는 타이완삼나무가 궁금하기도 했던 나는 2017년 10월 초, 그들이 사는 노스아일랜드 타우랑가 농장에 방문하기로 했다.

부부는 몇백 킬로미터나 되는 거리를 운전해 오클랜드 공항으로 우리를 마중나왔다. 도착한 다음에야 알았지만 그들은 현지에서도 명망이 높은, 걸출한 농민이었다. 연로한 나이에도 여전히 30여만 제곱미터나 되는 키위 농장을 가꾸고 있었다. 그레이엄은 오클랜드식물원과도 긴밀한 관계를 맺고 있어, 수많은 수종을 들여와 직접 재배했다. 심지어 그가 키운 희귀 수종의 종자는 원생지로 돌아가 해당 수종의 복원과 육성 계획에 도움을 주기도 했다.

장원에서 함께 저녁 식사를 할 때 그레이엄은 1972년 타이완 대사였던 샤궁취안夏功權의 편지도 보여주었다. 부부가 대사에게 종자를 요청했을 당시, 타이완은 유엔에서 퇴출당해 혼란스러운 상황이었다. 그래서인지 편지는 처음부터 끝까지 당시 중국 공산당 정부의 의롭지 못한 행동을 원망하는 내용으로 점철되어 있었다(웃음). 그래도 선생은 훗날 순조롭게 종자를 얻어 지구 반대편에 그것을 심었다. 현재 맥라렌공원에는 타이완 구역이 있고, 거기에는 타이완 원생의 나무가 수십 종이나 심겨 있다. 그중에서도 타이완삼나무의 높이는 30미터에 가깝고, 나무 지름도 3미터나 된다. 독자 여러분이 뉴질랜드에 갈 기회가 생긴다면 반드시 시간을 내어 남십자성의 찬란한 빛 아래에서 원생지와는 정반대로 봄, 여름, 가을, 겨울을 보내는 타이완의 나무를 만나보길 바란다.

1 다이어 부부의 키위 농장.

2 그레이엄과 그가 정성껏 기르고 있는 진귀한 울레미소나무.

3 그레이엄의 손자가 기르는 닭.

4 다이어 부부가 거주하는 노스아일랜드의 집.

5 그레이엄이 손님을 환영하는 뜻에서 방문객 출신국의 국기를 게양하고 있다.

6 멀리서 본 다이어 일가의 장원 일부.

1		4	
2	3	5	6

'환영'은 어디까지나 환영

2015년, 다이어 부부에게 야생 타이완삼나무를 보여주기 위해 치란으로 향할 때였다. 우리는 100임도에서 치란까지 19.5킬로미터 남은 지점의 코너 맞은편에서 다른 나무보다 키가 훨씬 더 큰 나무를 보았다. 그 나무는 주변 조림지*의 삼나무보다 20~30미터는 더 크다 보니 눈길을 끌지 않을 수 없었다.

당시의 나는 멀리서 본 수형만으로 침엽수종을 판단하는 데는 서툴렀다. 그저 그 거목이 타이완삼나무라는 것을 직감하고, 거부할 수 없는 매력을 뿜어내는 그것을 조사하러 올라야겠다고 결심할 뿐이었다.

한 달 뒤 미국에 있던 스카이가 크리스마스 휴가를 맞아 타이완으로 돌아왔다. 행동파인 나는 당장 나무에 오르자며 '나무를 찾는 사람

* 인위적인 방법으로 숲을 이룬 땅 또는 기존의 숲을 손질하거나 다시 살린 땅.

들'(그때는 야생 나무 탐사 동아리였다)의 원년 멤버들과 약속을 잡았다.

극락조는 로프 설치에 쓸 낚싯줄을 단 한 다발만 챙겨왔는데, 로프 설치 과정에서 탄환 몇 발이 수관층에 걸리는 바람에 우리는 엉킨 낚싯줄을 회수하기 위해 갖은 애를 써야 했다. 한참 끙끙댄 끝에 단단히 엉킨 낚싯줄을 풀긴 했지만 이미 더는 사용할 수 없게 된 후였다. 그래서 우리는 시시껄렁한 잡담을 주고받으며 새 낚싯줄을 사러 산 밑으로 내려갔다. 다행히 50여 킬로미터 떨어진 위란玉蘭촌의 잡화점에서 쓸 만한 낚싯줄을 찾았다. 낚싯줄의 호수가 꼭 맞지는 않았지만 그렇다고 이란시 시내까지 가서 맞는 낚싯줄을 사 오면 당일 내 치란으로 돌아올 수 없었으므로 급한 대로 그것을 쓸 수밖에 없었다.

밤에는 15K 대피소로 돌아와 장비를 점검했다. 우리는 난로를 피우고 긴 밤을 보냈다. 나는 극락조의 도움을 받아 스카이가 미국에서 가져온 수목용 로프로 난생처음 아이 스플라이스Eye splice*를 만들어봤다. 야외 작업이 힘들기는 해도 한밤중 야영지에서 동료들과 둘러앉아 이야기를 나누는 건 내가 가장 좋아하는 일 중 하나다.

다음 날 전투를 재개해 로프 가설 작업을 이어갔다. 12월 하순의 치란은 습하고 차가운 동북 계절풍에 잠겨 있었다. 희고 짙은 안개가 순식간에 우리의 나무를 뒤덮는가 싶더니 또 순식간에 걷히며 날이 갰다. 뤄 코치는 안개 속에서 보는 거목이 꿈이나 환영 같다며 그에 '환영幻影'이라는 이름을 붙이면 어떻겠냐고 제안했다. 그가 이렇게 낭만적일 줄이야. 모두 쌍수를 들고 찬성했다.

---

* 로프의 끝에 고리를 만드는 매듭법.

1 군계일학 같은 대만넓은잎삼나무의 수형.

2 수관층에서 내려다본 환영의 죽 뻗은 몸체.

3 환영과 함께 있는 안개 속의 스카이.

4 대만넓은잎삼나무의 구과.

5 대만넓은잎삼나무 거목의 인편엽*은 비교적 짧고 따갑지 않게 변화했다. 작은 나무에 비해 훨씬 상냥하다.

1	2		
	3	4	5

* 비늘처럼 생긴 잎.

가설 작업이 겨우 끝났다. 늘 자기가 늙었다고 입버릇처럼 말하는 뤄 코치가 앞장섰고, 나머지 다섯 명도 뒤따라 환영의 수관층까지 올라갔다. 숲에서 두드러지게 솟아오른 나무에 오른 덕에 주변 풍경을 거의 360도로 조망할 수 있었다. 나는 맑고 투명한 공기를 향해 쭉 뻗은 나뭇가지를 따라 계곡과 먼 산을 내다보았다. 너는 매일 이런 풍경을 보고 있구나! 나는 거대한 벽 같은 나무줄기를 탁탁 도닥이고는 아래를 바라봤다. 그곳에는 자연계에서는 보기 드문, 끝없이 이어지는 듯한 직선이 길게 뻗어 있었다.

저 멀리 난후南湖 산간지대의 능선도 보였다. 환영은 매우 건강했고, 수관층에는 새싹과 구과가 잔뜩 자라고 있었다. 우뚝 솟은 이 나무는 얼마나 오랫동안 온 숲의 교목을 내려다보고 있었던 걸까?

치란의 수많은 거목과 마찬가지로 환영의 수관층에도 소번룡, 가는잎조팝나무, 의수룡골擬水龍骨, Goniophlebium mengtzeense, 착생진달래著生杜鵑, Rhododendron kawakamii, 흰 석곡, 옥산불고사리玉山茀蕨, Crypsinus quasidivaricatus, 대지괘수구大枝掛繡球, Hydrangea integrifolia, 좀처녀이끼 등 수많은 착생식물이 서식하고 있었다. 나무 높이도 내 예상보다 조금 작은 44.6미터였고, 지름은 5.7미터였다. 이 정도면 치란 산간지대에서는 중장년 거목에 해당했다.

그 뒤 나는 번예산本野山의 타이완삼나무에도 올라 환영의 수관층에서 촬영했던 구과를 다시 조사했다. 치란에서 팀원들이 처음으로 등반했던 거목, 68씨와도 비교해보았다. 놀랍게도 환영과 68씨 모두 타이완삼나무가 아니라 대만넓은잎삼나무(만대삼나무巒大杉, Cunninghamia konishii라고도 한다)였다. 나중에 거목에 여러 차례 올라가보고 나서야 타이완 원산지인 대만넓은잎삼나무, 타이완삼나무, 대만가문비나무가 전부 높이 60미터 이상의 거목이라는 사실을 알게 됐다. 다행히 이젠 멀리서 거목을 보더라도 십중팔구는 그 수종을 추측할 수 있으니 나도 나름 성장한 셈이다.

그 뒤에도 나는 치란으로 조사를 갈 때마다 멈춰 서서 환영에게 인사를 건넸다. 환영은 내가 치란에서 가장 좋아하는 친구 중 하나다.

2018년 2월 설 연휴 기간에는 미국의 아보리스트 브라이언 프렌치를 초청해 라이다의 포인트 클라우드*로 치란의 거목을 탐사하고자 했다. 그는 몇 년 전부터 이 방법으로 미국 북서 태평양 연안의 거목을 탐사했다. 브라이언을 알게 된 때는 미국에 갔던 2016년이었다. 그는 아보리스트 계에서 둘째가라면 서러울 정도로 탁월한 기술을 갖고 있다. 그리고 내 남편 브라이언과 이름이 같다 보니 그는 매번 자신을 브라이언 2호라고 지칭했다. 그만큼 유머 감각이 풍부하고 함께 어울리기 수월한 아보리스트였다.

탐사 일정을 원활히 소화하려면 브라이언 2호가 방문하기 전에 사전 준비를 충분히 해놓아야 했다. 그러나 그가 방문하기 이전인 2월 초, 치란에 사상 초유의 폭설이 내렸다. 관제소로부터 100임도에 진입할 수 없다는 통보를 받을 때까지만 해도 그 사실을 반신반의했지만, 직접 차를 몰고 치란에 가서 대설을 보고 나니 이 열대의 섬에 사는 생물에게 눈이란 얼마나 낯선 것인지를 깨닫게 되었다.

* 라이다 센서 등으로 수집된 데이터를 구름 형태로 표시한 것.

1 푸른 하늘 아래 환영의 꼿꼿한 수형.

2 대만넓은잎삼나무는 말라서 갈라진 나뭇가지일지라도 여전히 단단하다. 갈라진 틈에서 자라나는 가는잎조팝나무의 싹.

3 착생진달래는 타이완에서는 유일하게 수관층에 착생해서 자라는 진달래다. 노란색 꽃을 피우는 진달래는 주로 나이 많은 나무에서 자란다.

4 대만넓은잎삼나무 수관층에서는 무성한 가는잎조팝나무와 사방을 뛰어다니는 날다람쥐가 남긴 배설물을 볼 수 있다.

5 대만넓은잎삼나무의 나뭇가지와 비교적 큰 구과, 길쭉한 인편엽을 보면 타이완삼나무와 구별할 수 있다.

1	2	3
		4
		5

온 치란이 더없이 고요했다. 100임도에는 눈이 약 50센티미터 두께로 쌓여 있었고, 그 위는 온통 동물의 발자국으로 덮여 있었다. 임도 양쪽에 서 있는 회목의 잎사귀는 안개와 수분을 차단할 순 있지만 대설의 무게를 감당하진 못했다. 사방에 쓰러진 나무와 부러진 가지가 널려 있었다. 현장 작업자들은 그레이더Grader*를 동원해 목적지 앞 6킬로미터 지점까지 눈을 치웠지만, 차량 진입은 아예 불가능했다.

브라이언 2호가 타이완에 도착한 뒤, 우리 모두가 달려들어 온종일 체인 톱으로 임도를 정리하고 나서야 타이완삼나무 세 자매 근처까지 차량으로 이동할 수 있었다. 갑작스러운 폭설에 수많은 작은 동물이 얼어 죽어 있었다. 15K 대피소 옆에서 꽁꽁 얼어버린 복슬복슬한 어린 산양을 보기도 했다. 산에서 풍기던 시체 썩는 냄새는 그해 4월이 되어서야 가셨다.

그날의 거목 탐사는 높이 100미터가 넘는 낭떠러지에서 길이 끊기는 바람에 실패했다. 그래도 그날의 경험은 라이다를 이용해 거목을 찾는 방법에 정진하는 계기가 되었다. 작업이 끝난 뒤 나는 브라이언 2호를 데리고 내 오랜 벗, 환영을 보러 갔다. 그런데 환영이 있던 자리가 텅 비어 있는 것 아니겠는가? 나는 내가 위치를 잘못 기록한 줄 알았다. 그럴 리가 없는데!

그러다 문득 산비탈 아래로 굴러떨어져 두 동강 나 있는 환영의 모습을 발견했다. 환영이 쓰러질 때 분명 하늘과 땅이 요동했을 것이다. 도대체 환영은 왜 쓰러졌을까? 나무 밑동을 덮은 흙에는 눈도 섞여

* 도로 공사에 쓰이는 굴착 기계.

있었는데. 내 마음은 의문으로 가득 찼다. 나중에 추측한 바로는 폭설이 내렸을 때 치란의 토양에 서릿발* 현상이 생겼을 가능성이 컸다. 환영의 밑동 주변을 둘러싼 토양이 헐거워져 나무의 무게를 지탱하지 못했을 것이다. 환영은 벌채를 거친 조림지에서 자라났으므로 그곳의 토양 역시 이미 헐거웠을 것이다. 거기에 환영의 크기가 크다는 사실까지 고려하면, 과거 목재를 운송할 당시 그것이 삭도목으로 쓰였을 수도 있었다. 그렇다면 밑동도 일찍이 손상됐을 터였다.

나는 거목을 영원불변한 것으로 여겼다. 하지만 그들도 인간과 마찬가지로 갑작스럽게 닥쳐오는 생로병사를 겪어야만 했다. 환영은 결국 환영이 되고 말았다. 그러나 환영의 이야기는 내 마음 속에 타이완 거목에 관한 기록을 남겨야겠다는 생각의 씨앗을 심었고, 이후 거목지도 프로젝트를 진행하는 데 박차를 가하도록 만들었다.

* 온대 지역에 눈이 내리면 토양이 얼었다 녹기를 반복하는데, 그때 일어나는 팽창과 수축으로 작물의 뿌리가 토양에서 벗어나 쓰러지는 현상—원저자.

뤄지위羅際煜(뤄 코치)

뤄 코치 본인은 타이완 백악百嶽* 완등 순위 100위 안에 드는 선배지만 나이 든 티는 전혀 나지 않는다. 체력은 상위권에다 노련한 베테랑으로, 야외 활동 경험도 풍부해 '나무를 찾는 사람들'의 대장로大長老라고 할 수 있다. 팀이 출동할 때, 뤄 코치가 있으면 내 어깨의 짐도 삽시간에 절반은 가벼워지는 듯하다.

* 타이완 등산계에서 선정한, 높이 3030미터 이상의 독특한 풍경을 가진 봉우리 100곳.

1 대만넓은잎삼나무 거목은 보통 나뭇가지가 적은 편이라 올라가면 탁 트인 느낌을 받을 수 있다.
2 최근 대만넓은잎삼나무에서 자라는 버섯을 몰래 채취하는 사람들 탓에 수많은 거목이 도벌되고 있다.

1 | 2

태즈메이니아의 유칼립투스

스티브와 젠이 타이완에 와서 타이완삼나무를 촬영한 지 1년이 지난 후, 우리도 답방의 의미로 남반구로 날아가 더 트리 프로젝트The tree project 팀을 만났다. 이 작은 팀의 멤버는 단 두 명이었다.

멤버는 두 명이었지만 이 팀은 다수의 대단한 일을 해냈다. 이 부부는 세계 각지에 있는 거목의 등신 사진을 촬영했을 뿐만 아니라, 고향인 태즈메이니아에 원시림을 보호하고 육성해야 한다는 의식을 불러일으키기도 했다. 거대 벌목 회사에 대항한 적도 있었다.

오스트레일리아 대륙에서 동남쪽으로 240킬로미터 떨어져 있는 태즈메이니아섬의 면적은 6만8401제곱킬로미터로 타이완의 두 배쯤 된다. 평탄한 오스트레일리아 대륙과는 달리 태즈메이니아섬에는 높은 산과 숲이 많다. 또 면적의 4할이 국가공원, 자연보호지구, 세계자연유산으로 지정되어 있으며 자연 자원이 풍부해 야생 동식물의 천국이라고 해도 과언이 아니다. 섬 전체 인구는 약 50만 명이고, 그중 절반은 주도인 호바트에 산다.

그러나 태즈메이니아는 사실상 거대한 환경 위기에 직면해 있다. 남반구 외진 곳에 위치한 탓에 제조업의 강력한 지원을 받지 못한 태즈메이니아의 경제 형태는 농업과 목업이 과반을 차지하고 있다. 최근 들어 생태 여행, 와이너리 등 고부가가치 산업이 활성화되긴 했지만 이전까지만 해도 태즈메이니아 경제를 떠받치는 주요 산업은 벌목과 광산 개발이었다. 과거 남반구 최대 펄프 회사였던 건스Gunns는 태즈메이니아의 원시림을 본부로 삼고, 펄프 제조에 필요한 목재 원료를 수출하려고 했다. 주요 수출국은 동북아시아의 일본이었다.

건스는 태즈메이니아 최초의 식물학자 후손이 창립한 회사임에도 수많은 논란을 일으켰다. 그들은 원시림에 살충제를 공중 살포한 뒤 모조리 벌채하기도 했고, 국회의원을 매수하려다 실패한 스캔들을 일으킨 적도 있었다. 2005년에는 환경 단체 스무 곳과 개인을 고소하며 배상금으로 780만 오스트레일리아 달러를 요구했다. 이에 이듬해 건스를 규탄하는 대규모 시위가 벌어졌고, 회사는 결국 고소를 취하했다.

태즈메이니아에서 가장 컸던 이 회사는 2013년 시드니 목재 회사인 뉴포레스트New Forests에 인수 합병되었다. 건스가 태즈메이니아에 소유하고 있던 부동산까지 함께 넘겨받은 뉴포레스트는 그를 계기로 오스트레일리아 최대의 임업 회사가 되었다. 이후 오스트레일리아 정

1 간달프의 우듬지에서 바라보니, 저 먼 곳은 이미 벌채가 끝나 조림지로 변한 듯했다.
2 스티브가 간달프에 오를 때 썼던 100미터짜리 로프를 정리하고 있다.
3 스티브가 태즈메이니아의 숲왈라비Pedemelon와 셀카 찍는 요령을 가르쳐주었다.
4 스티브의 숙소에서 그의 걸작 타이완삼나무 세 자매의 등신 사진 포스터와 함께.

	2
1	3
	4

부가 1700제곱킬로미터의 원시림을 산림보호구역에 편입시켰지만, 태즈메이니아 원시림의 재난은 아직 끝나지 않은 모양이다. 2016년 오스트레일리아 정부는 벌목 편의를 위해 유네스코에 세계문화유산 등록을 해제해달라는 사상 초유의 요구를 했다.

스티브는 나와 브라이언을 데리고 수목 보호 단체가 농성 중인 스틱스Styx 계곡의 거목 보호 지구로 가 태즈메이니아 거목 사진의 주인공, '간달프의 지팡이(이하 간달프)'에 올랐다. 높이가 84미터나 되는 간달프는 유칼립투스 레그난스Eucalyptus regnans라는 수종이었다.

간달프가 있는 숲에 도착했을 때는 이미 오후 3시였다. 어둑어둑한 온대 우림이 꼭 별천지 같은 분위기를 풍겼기에, 이 거목을 「반지의 제왕」에 등장하는 강력한 마법사와 연관 지은 이유를 곧바로 이해할 수 있었다. 늦가을의 태즈메이니아는 오후 5시만 되면 날이 저물었다. 우리는 서둘러 로프를 설치했다. 스티브가 앞장서서 나무에 오르더니 해먹 설치를 도와주겠다고 했다.

어, 나무 위에서 밤을 보낸다고? 난 마음의 준비가 안 됐는데!

이 행동파 사진사는 원숭이처럼 순식간에 나무 위로 사라지더니 메인 로프를 내려주며 우리에게 올라올 준비를 하라고 소리쳤다. 나는 (얼어 죽지 않도록) 갖고 있던 옷을 모조리 챙겨 입고 나무에 오르기 시작했다. 저녁 식사로 먹은 거라고는 나무에 오르기 전 삼킨 사탕 한 알뿐이었다.

그러나 지면과 가까운 중교목中喬木을 지나 사방이 커다란 나무로 둘러싸인 경치를 마주한 나는 나도 모르게 이렇게 외쳐버렸다. 진짜

환상적이다!

우리 둘이 나무에 올라 침낭 등 수면 장비를 모두 설치했을 때는 이미 해가 완전히 기운 뒤였다. 스티브는 그제서야 간달프의 벌에 로프가 걸렸단 걸 알아차렸지만, 섬의 칠흑 같은 어둠 속에서는 장해물을 제거할 수 없었다. 그는 우리에게 조심하라고 당부하더니 홀로 나무에서 내려가 차로 돌아가버렸다.

타향의 거목 위에 남겨진 우리는 코를 쓱쓱 문지르곤 밤을 보낼 준비를 했다. 둘이서 한동안 허둥대느라 지상 40미터 높이에 매달린 해먹에서 장비를 떨어트리기도 했지만, 날이 밝을 때까지 무사히 버틸 수 있었다. 참 다행이었다. 큰유황앵무의 시끄러운 울음소리에 잠에서 깼을 때는 다시 태어난 듯한 느낌이 들었다.

장막을 열고 밖을 내다보았더니, 와, 일출 풍경이 얼마나 멋지던지!

따사로운 햇볕이 숲 전체에 빠르게 퍼져나갔고, 온갖 새가 숲속을 분주히 누비고 있었다. 아열대에서 온 우리도 햇볕을 받으며 부활했다. 신속하게 나무에서 수직 하강해 커피를 마시고 아침을 먹은 뒤 다시 한번 스티브와 이 신목에 올랐다. 이번에는 80여 미터 높이의 우듬지까지 직행했다.

사실 400여 살에 가까운 간달프는 심하게 썩어 있어 우듬지까지 올라가는 게 쉽지만은 않았다. 그래서 우듬지 부근의 비교적 견고하고 커다란 나뭇가지까지만 올랐다. 그렇다고는 해도 그 높이가 무려 78미터나 됐고, 나무줄기도 1미터 정도로 널찍해 경외심이 들었다. 인간이 이렇게 위대한 생물을 톱으로 베고 부수어 펄프재로 사용한다고 생각

간달프 위에서 보낸 잊지 못할 하룻밤(스티브 피어스 촬영).

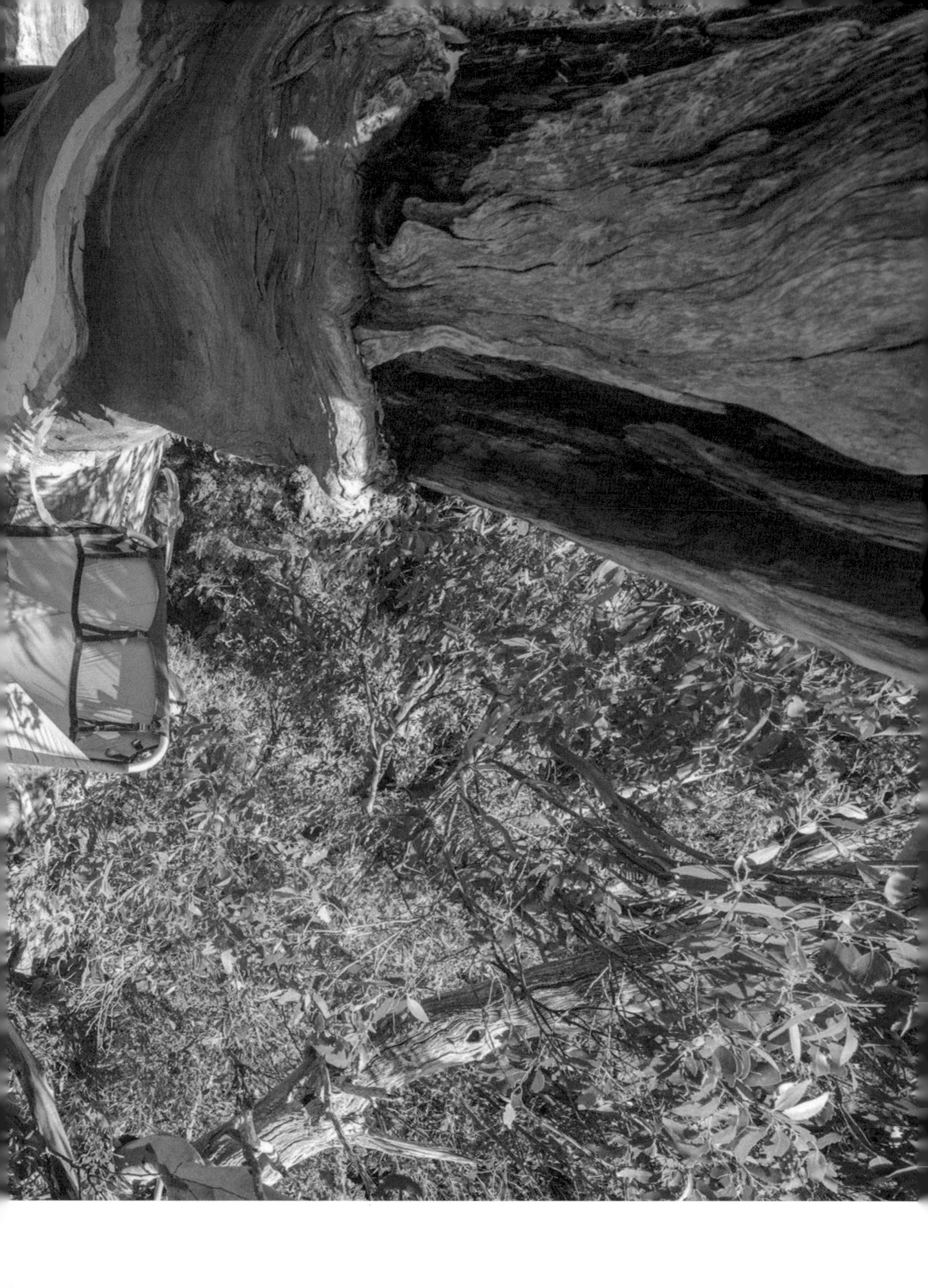

하니 그 모든 행위가 만물을 파괴하는 엄청난 죄처럼 느껴졌다.

간달프처럼 커다란 나무는 산림 생태계에서 많은 역할을 한다. 우리는 나무 위 작은 보호구역에서 조류, 박쥐를 포함한 다양한 수관층 생물이 머문 흔적과 각양각색의 착생식물을 보았다. 심지어 태즈메이니아 특산 셀러리톱 소나무Celerytop pine도 간달프의 몸에서 함께 살아가고 있었다.

우듬지에서 바라보니, 간달프가 있는 작은 숲 일부와 주위의 거목을 제외한 주변 산간 지역은 이미 한 차례 벌채를 거친 뒤 조림지가 되어 있었다. 스티브는 나무의 맨 꼭대기에서 보면 두 개의 능선 너머로 새로운 벌목 기지가 보인다고 했다.

더 트리 프로젝트 팀은 타이완삼나무 세 자매의 등신 사진을 찍기 전, 태즈메이니아에서도 67일을 들여 간달프의 사진을 찍었다. 사람들이 귀중한 산림을 소중히 여겨주기를 바라는 목적에서였다. 우리는 운 좋게도 커다란 나무의 보호 아래 잊지 못할 밤을 보낼 수 있었다. 큰 나무는 차별 없이 모두에게 자비를 베풀었다. 인류는 이에 어떻게 보답하려 하는가?

세월의 풍상을 겪은 간달프는 벌로 뒤덮인 탓에 몸체가 울퉁불퉁하다.

스틱스 계곡의 나무는 전부 높이가 70~80미터 이상인 거목이다.

나무껍질의 색깔이 매우 다채로운 유칼립투스 간달프(스티브 피어스 촬영).

타이완 최고의 나무를 찾아서

구이후 산간지대의 타이완삼나무

거목에 흥미가 생긴 2014년부터 나는 크고 작은 탐사를 여러 차례 다녔다. 숲을 탐사하는 김에 임업 베테랑들이나 산간지대에 자주 드나드는 친구들이 말해준 거목 '핫 플레이스'에 들르기도 했다. 그런데 묘하게도 남부 타이완에서 가장 큰 타이완삼나무 생육지인 번예산에 관한 자료를 처음 알려준 사람은 다름 아닌 미국인이었다.

2015년 초, 나는 스카이의 주선으로 미국 학자 스티브 C. 실릿과 연락을 시작했다. 그는 책 『야생 나무: 열정과 용기의 이야기』의 주인공으로, 미국 『내셔널지오그래픽』의 레드우드 촬영 프로젝트의 진행자 중 한 명이기도 한, 아보리스트 계에서는 스타였다. 당시 그는 내게 한 학자를 소개했는데, 타이완 벌목사의 전후 자료를 다량으로 수집해온 밥 반 펠트였다. 그는 남부 타이완 구이후 구역에 큰 나무가

1 번예산 타이완삼나무 그늘 아래에 캠프를 설치했다.

2 다구이후로 가는 길에서는 2009년 8월 8일 불어닥친 태풍 모라꼿에 의해 무너진 절벽을 자주 만났다.

3 산에서 내려온 뒤 하유강의 온천에서 피로를 풀고 있는 '나무를 찾는 사람들'.

4 홍구이후 산간지대의 거대한 모리참나무森氏櫟, Quercus morii. 경제적 가치가 없어서 베이지 않았다.

1	2
3	4

있을 것으로 보이는 타이완삼나무 원시림이 있다고 언급했다.

과연 사실일까? 내가 솽구이후雙鬼湖* 구역을 종주한 2011년에는 딱히 인상적인 거목을 보지 못했었다. 인터넷으로 관련 자료를 검색해보던 나는 2002년 징이靜宜대학의 양궈전楊國楨, 천위펑陳玉峯 선생이 해당 구역 나무의 측량을 진행했으며, 당시 높이 70미터가 넘는 타이완삼나무 몇 그루가 발견되었다는 기록도 찾을 수 있었다. 뒤이어 구글 어스로 이 구역의 위성사진을 살펴보던 중 무심결에 다푸산大浦山이라는 지명을 보았다.

혹시 국립타이완대학 산림환경자원학과 쑤훙제蘇鴻傑 선생의 회고록에 나왔던 '타이둥台東현 다푸산의 타이완삼나무 노령림**'을 가리키는 걸까? 내 머릿속에 서광이 비쳤다.

아무래도 이 구역은 꼭 가봐야 했다. 하지만 솽구이후를 종주했던 과거를 떠올리니 솔직히 좀 겁이 났다. 자칫하면 떨어져 죽을 수도 있는 까마득한 절벽을 가로질러야 했던 데다, 빗속에서 말거머리 수백 마리와도 싸워야 했기 때문이다.

그래서 나는 당돌하게 온라인으로 양궈전 선생에게 연락했다. 선생은 마침 2015년 2월 PTS방송국 커진위안柯金源 감독의 촬영 팀과 함께 번예산 구역에서 타이완삼나무를 촬영할 예정이라고 했다!

2016년 3월 커진위안 감독의 소개로 루카이魯凱족*** 가이드 라이

* 다구이후大鬼湖, 샤오구이후小鬼湖를 비롯해 훙구이후紅鬼湖, 란후藍湖 등의 구역을 포함한 원시림 지역.
** 나이에 따라 나눈 산림 유형의 하나로, 수종에 따라 50~80년 이상의 나무로 조성된 숲.
*** 타이완 핑둥현에 거주하는 부족의 명칭.

멍촨賴孟傳(샤오라이小賴)의 안내를 받아 번예산으로 갔다. 그곳에 있는 타이완삼나무의 높이를 제대로 측량해볼 셈이었다. 그러나 당시 나무 높이와 GPS 좌표 등 데이터가 부족했던 우리는 나흘이나 고생하며 돌아다녀야 했다. 마침내 번예산 계곡에 도착했을 때는 눈이 휘둥그레질 수밖에 없었다. 어라, 나무들이 다 큰데, 이 중에서 가장 큰 나무를 어떻게 가려낸담?

나무에 오를 수 있는 시간은 이틀뿐이었다. 시간이 촉박하다보니 계곡 구역에서 가장 커 보이는 나무를 적당히 골라야만 했다. 산비탈에서 자라는 타이완삼나무는 굵고 컸지만 우듬지는 벼락과 폭풍우 등의 영향으로 절반 이상 꺾여 있었다. 그러던 중 우리가 두 번째로 올라간 타이완삼나무가 70미터라는 기록을 깨버렸다. 솽쯔싱雙子星이라고 이름 붙인 그 나무는 높이가 71.1미터로, '나무를 찾는 사람들' 역사상 '가장 큰 나무'라는 기록을 몇 년이나 유지했다.

2017년 2월, 쑤훙제 선생에게 경의를 표하는 의미에서 우리는 원년 멤버 그대로 다푸산과 훙구이후로 다시 한번 원정 탐사를 나갔다. 선생은 생태 연구 기록에서 그곳에서 가장 완전한 타이완삼나무 노령림을 보았다고 했는데, 그건 분명 즈번知本 임도에서 벌채가 진행되기 전에 행해진 조사였을 것이다.

이번에는 샤오라이의 안내를 받아, 그가 어릴 적 다니던 산길에의 기억을 되짚으며 하유哈尤강에서부터 진입을 시작했다. 그의 말에 따르면 어르신들이 다니던 길은 현재 대부분 붕괴되었다. 천신만고 끝에 쑤훙제 선생의 회고록에 나온 즈번 임도 동쪽 구간에 도착했지만

1 각종 색채와 형태로 충만한 타이완 중中해발고도*의 아름다운 삼림.

2 극락조가 타이완삼나무 거목 아래에서 로프를 걸기 위해 공기총을 쏘고 있다.

3 번예산 산간지대에 숲을 이룬 타이완삼나무.

4 타이완삼나무 수관층에 산발한 종자의 구과.

5 타이완삼나무 수관층에서 자라는 아리산콩짜개난阿里山豆蘭, Bulbophyllum pectinatum.

1 3
2
4 5

* 1000~2000미터 사이의 고도.

온 산이 조림지로 변해 있었다. 비와 안개를 뚫고 계곡에서 능선으로 올라갔지만 다푸산 아래에 일부 남은 타이완삼나무와 홍회가 보일 뿐이었다. 그러나 현장에는 깜짝 놀랄 만큼 커다란 그루터기가 남아 있었다. 우리는 마지막으로 레이저 탐사기로 나무 다섯 그루를 측량했고, 빗속에서도 39.08미터짜리 타이완삼나무에 올랐다.

당시 탐사에서 그나마 위안이 되었던 건 무수한 어린 타이완삼나무를 봤다는 거였다. 제멋대로 행동하는 인류로 인해 지구가 멸망하지 않는다면 800년쯤 뒤에는 벌채 이전의, 거목이 숲을 이뤘던 광경을 다시 볼 수 있으리라(기원).

단다 산간지대의 거목

2014년부터 타이완 산간지대 거목 탐사를 시작하고 나서야 내가 거목(또는 신목) 탐사계에서는 햇병아리라는 사실을 깨달았다. 직접 찾아간 거목도 많지 않았다. 예전에는 생태 조사를 나가더라도 착생식물 등 초본식물에만 집중했을 뿐, 나무 자체에는 큰 관심을 두지 않았기 때문이다.

또한 천연림 벌채가 중지된 1989년도 이후부터는 벌채 시대가 남긴 모수림으로 통하는 임도 관리가 이뤄지지 않았다. 매년 태풍과 홍수를 겪고 나면 임도 대부분이 끊겨 엉망진창이 되는 탓에, 임도 깊숙한 곳에 있는 모수림을 방문하거나 임도를 거쳐 백악에 오르기가 벌채 시대보다 훨씬 더 힘들어졌다. 이런 숲들은 몇십 년간의 휴식기를 거치고 나면 또 다른 원시림의 풍모를 드러낸다. 인간이 남긴 흔적은 열대림의 왕성한 회복력에 의해 서서히 사라지지만 작은 종적들은 계속해서 발견된다. 나는 이게 타이완 산림의 중요한 특색 중 하나라고 생각한다.

2018년, 우리가 가진 나무 높이 기록을 깨트린 단쓰丹絲 신목도 이러한 배경을 갖고 있다.

단쓰 신목은 71.9미터짜리 타이완삼나무다. 우리가 이 나무를 최초로 발견한 사람들은 아닐 것이다. 높이 약 십여 미터 부분에 직경 약 50센티미터의 둥근 상흔이 남아 있기 때문이다. 몇십 년 전에 누군가가 벌을 몰래 채취한 흔적 같았다. 아문 상흔에서는 벌써 푸릇푸릇한 이끼가 자라고 있었다. 나는 경악했다. 이 험한 계곡에 비계까지 설치해 가며 벌을 잘라갈 줄이야. 단다의 아이, 사냥꾼 진궈량의 동료는 이렇게 말했다. "제가 어릴 때만 해도 여기는 사람들이 자주 드나드는 곳이었어요. 지금처럼 새도 새끼를 치지 않는 곳은 아니었죠."

이 근처에 있는 단예 농장은 그 당시의 특수 사업체라고 할 수 있는 곳으로, 섬 고산지대에서 고랭지 채소를 재배해 막대한 이익을 거두었다고 한다. 임도 관리도 전문 인력이 맡았는데, 도로가 하루라도 끊기면 막대한 손실이 발생했기 때문이다. 당시에는 목재와 고랭지 채소를 실은 트럭이 밤낮없이 임도를 오갔을 것이다. 지금의 임도는 대체로 물사슴이나 산양이 다니는 적막한 곳이다 보니, 그때와 단순히 비교하기는 어렵다.

나를 단다 산간지대의 거목을 탐사하도록 이끈 건 2004년 출판된 『신목 가족神木家族』이라는 책이다. 저자는 수십 년 동안 신목을 찾고 기록한 황자오궈 기자다. 책에서 그는 카서강의 신목 가족을 기록하며 해당 강의 발원지에 있는 원생 모수림을 언급했는데, 그곳에는 회목뿐만 아니라 타이완삼나무도 있다고 했다.

타이완삼나무라고? 나는 눈이 번쩍 뜨였다.

그러나 단다 임도를 잇는 쑨하이 다리는 몇 년 전 거센 물살에 의해 붕괴됐고, 임무국은 다리를 복구할 계획이 없었다. 차량을 지원받아 클라이밍 장비를 운반하려면 여름 태풍철을 피해 겨울과 봄 사이, 물이 마르는 시기를 노려야 했다.

우리의 첫 단다 거목 탐사는 2017년 3월에야 이루어졌다. 그런데 검문소에 도착해보니 노면이 온통 진흙탕이었다. 거기에서부터 우리는 공무용 차량을 버리고 걸어갈 수밖에 없었다. 그나마 며칠 전 현지 원주민에게 차로 우리를 마중나와 달라고 부탁해두었기에 망정이었지 그러지 않았더라면 50킬로그램이 넘는 중장비를 짊어지는 고생을 해야 했을 것이다.

단예 농장으로 가는 임도는 진작 끊겨 있었다. 가이드는 시간을 절약하기 위해 하이텐사에서 카서 계곡으로 내려간 뒤, 물길을 거슬러 수원지로 가는 코스를 짰다. 낭떠러지를 내려가자마자 뜻밖에도 나는 엄청나게 큰 대만가문비나무를 발견했다. 근처에는 커다란 타이완삼나무도 몇 그루 있었다. 이러한 상황을 마주한 제멋대로인 성격의 진행자는 곧바로 결단을 내렸다. 모수림은 다음번에 가기로 하고, 바로 여기에 캠프를 치고 이 나무들을 측량하자는 거였다.

그날 오후 나는 대만가문비나무에 올라가 높이를 측정했고, 그렇

1 과거에 벌채된 뒤 고랭지 채소 농장으로 개발되어 상흔이 잔뜩 남게 된 단다 산간지대.

2 카서 계곡을 부드럽게 비추는 매력적인 저녁노을.

3 단쓰 신목에는 오래전 벌을 도둑맞은 상흔이 남아 있다.

4 단다의 아이 진궈량은 '나무를 찾는 사람들'의 대장 중 한 명이다. 그의 뒤로 가장 큰 대만 가문비나무인 쑹윈윈이 서 있다.

5 거대한 벽 같은 단쓰 신목의 나무줄기.

1
2 3 4
5

게 알게 된 나무의 높이는 타타자 대만가문비나무의 기록을 뛰어넘는 62.4미터였다. 특히 그 대만가문비나무는 계곡에서 자라고 있었으므로 매우 건강했고 나뭇가지와 잎도 무성했다. 수관층에도 착생식물이 가득했다. 죽은 나뭇가지와 남아 있는 나뭇가지의 흔적에 의지하면 우듬지까지 올라갈 수도 있을 듯했다. 단, 그러려면 동작이 민첩해야 했고 확보 지점이 대부분 아래에 있다는 위험도 감수해야 했다. 그렇지만 나는 잔뜩 신이 났다. 마치 대만가문비나무 위에서 암벽 등반을 복습하는 듯해 매우 기묘한 느낌이 들었기 때문이다.

다음 날 우리는 지하고枝下高*가 매우 높은, 외따로 떨어진 타이완삼나무를 측량했다. 나무 높이는 65.4미터. 그제야 단다의 거목을 우습게 보면 안 된다는 사실을 깨달았다. 나무 높이가 전부 상위에 속하는 걸 보니 다음번에는 좀더 긴 로프를 챙겨와야 했다.

이틀간 올랐던 대문가문비나무와 타이완삼나무에는 전부 철사가 남아 있었다. 벌채 시대, 목재 운반에 활용하는 삭도목으로 쓰였을 게 분명해 안타까운 마음이 들었다.

2018년 1월, 우리는 다시 한번 단다의 카서강 구역을 탐방했다. 이번 탐방의 목표는 붕괴된 임도를 따라 한참을 더 들어가야 만날 수 있는, 단쓰 폭포 인근 골짜기에 붙어 자라고 있는 호리호리한 타이완삼나무 두 그루였다. 그 나무의 높이도 70미터를 넘는 71.9미터였다. 우리 팀은 그를 단쓰 신목이라 부르기로 했다. 이는 70미터가 넘는 타이완삼나무를 번예산 본거지가 아닌 다른 곳에서 만난 첫 번째 기록이

* 지면에서 가장 아래에 있는 나뭇가지까지의 높이-원저자.

었다. 타이완섬의 심장 지대에 있는 단다는 결코 우습게 볼 곳이 아니었다. 우리는 반드시 그곳을 또다시 찾아갈 것이다.

1 '나무를 찾는 사람들'과 단쓰 신목.

2 타이완삼나무 수꽃이 개화하는 3월에는 온 계곡에 귤색 꽃가루가 흩날린다.

3 계곡에서 내려와서야 카서강의 해당 구역에 커다란 타이완삼나무가 많다는 것을 알게 되었다.

4 단쓰 신목의 수관층은 새빨간 가덩이줄기를 가진 착생란으로 뒤덮여 있다. 나무에 오를 때는 이들이 다치지 않도록 각별히 조심해야 한다.

1	2
	3
	4

청대 바퉁관 고도의 거목 삼림

이 열도를 스쳐간 여러 세대의 발자취는 왕성한 생명력을 가진 숲에 삼켜지고 난 뒤에도 어렴풋한 자취를 남긴다. 나는 이런 점이 포르모자 삼림의 가장 큰 매력이라고 여겨왔다.

임도에 있는 무너진 사무소 건물에서 밤을 보낸 적이 있다. 지붕의 기와 틈 사이로 별 가득한 하늘이 보였다. 이런 경치를 쉽게 감상할 수 있는 곳은 전 세계에서 타이완뿐일 것이다. 타이완에서는 한 달씩이나 산 넘고 물 건너지 않고도, 2~3일이면 열도의 산림 가장 깊숙한 곳으로 들어가 자연의 아름다움과 나만의 고독을 누릴 수 있다.

2014년 타이완삼나무 세 자매에 오른 뒤 우리는 타이완에서 가장 큰 나무를 찾기 시작했다. 우리가 찾으려는 나무 역시 타이완삼나무일 확률이 높았다. 우연히 보게 된 한 보도에 따르면, 2007년 위산국가공원에서 부눈족 어르신들을 모시고 진행한 청淸대 바퉁관八通關 고도古道* 촌락의 뿌리 찾기 여행 도중 마자츠퉈馬戛次托강 상류에서 열두 명이 달라붙어도 다 끌어안지 못할 만큼 거대한 타이완삼나무가 발견됐다.

이를 본 나는 곧바로 난터우南投현 수이리水里로 달려가 당시 여행팀을 이끌었던 취안훙더全洪德(바깔Bagkall**, 당시 위산국가공원 주임비서)를 만났다. 그러나 이미 오래전 일인 데다 그들도 나무의 정확한 좌표와 지점을 기록해두지 않은 상태였다. 또한 팀을 이끌었던 어르신 중 몇몇 분도 이미 세상을 떠났으므로 거목이 있는 곳을 다시 찾아가기는 어려울 듯했다.

그렇지만 나는 이 숲을 시종일관 염두에 두고 있었다. 2018년 3월, 해안 산맥을 조사하던 중 화롄의 중급산***을 잘 아는 라이賴 씨로부터 비교적 근대에 기록된 청대 바퉁관 고도 동쪽 구간의 GPS 궤적을 얻었다. 그러나 그의 조사 목표는 큰 나무가 아니었으므로 내게 정확한 좌표를 알려줄 순 없었다.

타이완의 지형은 험준하다. 산간지대를 수색할 때 좌표에서 몇백 미터라도 오차가 발생하면 원래의 목적지로부터 완전히 동떨어진 곳으로 가게 될 가능성이 컸다. 이렇다 보니 무턱대고 실행에 옮길 수

---

* 타이완의 중앙산맥과 위산산맥 사이에 있는 낮은 지대로, 청나라가 타이완을 통치하던 시기에 만들어진 타이완 동서부의 북로, 중로, 남로 중 중로를 가리킨다. 일본 식민지 시대에는 산간지대의 원주민을 다스리기 위해 바퉁관을 재측량해 별도로 '바퉁관 월도선越道線'이라는 길을 만들기도 했다.

** 해당 인물의 부눈족 이름.

*** 타이완에서 해발 1000미터 이상~3000미터 이하의 산을 부르는 용어.

마부구馬布谷 근처의 선태류 숲. 저녁 무렵의 색조가 신비하고 매력적이다.

없었다.

같은 해 10월, 한 심포지엄에서 타이완 중앙연구원의 정제푸鄭玠甫 박사를 알게 되었다. 일본 식민지 시대 바퉁관 고도(당시에는 이를 '바퉁관 월도선'이라고 불렀다)에서 부눈족 가옥을 조사한 이였다. 그리고 이 인연으로 2014년에 청대 바퉁관 고도 동쪽 구간을 조사한 장자룽張嘉榮 팀을 소개받았다. 그들은 거목이 있는 숲 인근을 지나간 데다 거목과 함께 찍은 사진도 남겨놓았다. 이렇게 되면 그 거목이 꽈꽈뚜Qaqatu* 지역에 있다고 확정해도 될 듯했다. 그러나 그 구역은 무척 넓었다. 나는 청궁대학 측량과 왕지쿠이王驥魁 교수 팀에게 라이다로 해당 구역에 있는 큰 나무 관련 데이터를 수집해달라고 부탁했다. 이에 왕지쿠이 교수는 좌표 몇 군데를 알려주었다. 그중에는 높이 60미터가 넘는 커다란 나무 세 그루의 좌표도 있었다.

* 부눈어로 움푹 팬 땅이라는 뜻—원저자.

그것을 보니, 이젠 그 거목 숲을 방문해도 되겠다는 자신감이 더욱 샘솟았다.

이전에 나는 치란에서도 라이다를 이용해 큰 나무를 탐사한 적이 있었다. 그러나 험준한 지형 탓에 라이다 데이터에 오차가 발생했었으므로, 이번에도 지나친 자신감은 금물이었다. 그렇지만 현장에 가보지 않으면 증명할 수도 없었다. 수많은 우여곡절 끝에 드디어 청대 바퉁관 탐사대가 결성되었다. 비록 기록을 깰 만한 큰 나무(그전까지의 기록은 72미터였다)를 찾을 거라는 기대는 거의 없었지만, 라이다 모델의 정확도를 검증하고 현지의 거목을 측량해 기록을 남기고 싶었다.

탐사 도중 종종 백여 년 전 청나라 시대의 고도 유적을 맞닥뜨리기도 했다. 원래 이 길은 1875년 청나라 정부가 타이완섬의 통치권을 공고히 하기 위해 만든 것으로, 위산 산간지대 150여 킬로미터를 가로지르며 이어진다. 그러나 길의 사용 빈도가 낮다 보니 완공 후 20년 만에 황량한 수풀에 파묻혀버렸고, 현지의 부눈족 사냥꾼들만이 가끔 길을 이용할 뿐이었다.

천신만고 끝에 우리는 탐사 구역에 도착했다. 전날 밤 관측 장비가 모조리 고장나는 악몽을 꾸었지만 탐사 당일에는 다행히 아무 말썽도 없었다. GPS 좌표를 따라 거목이 있는 숲에 도착했다. 그곳은 옴폭 팬 분지로, 부식층이 부드럽고 두터웠으며 선태류가 뒤섞여 싱그러운 향을 뿜어냈다. 따뜻한 햇볕이 거목의 수관층 사이를 뚫고 숲의 바닥에 내리쬐고 있었다. 나는 이 광경에 말로 표현하기 힘든 기쁨과 상쾌함을 느꼈다.

청궁대학 연구팀이 수관층 고도 모델링을 이용해 추정해낸 좌표 세 곳에는 정말로 큰 나무가 있었다. 우리는 드론을 이용해 그중 한 그루의 높이를 측정했다. 나무의 실제 높이는 라이다로 추정했던 대로 63~64미터 정도였다. 세 나무 중 한 그루는 대만가문비나무, 두 그루는 타이완삼나무였는데, 대만가문비나무가 가느다란 데 비해(지름 2.3미터) 타이완삼나무는 상당히 굵었고 그중 한 그루는 지름이 3.5미터나 되었다. 사실상 온 숲에 커다란 나무들이 울창하게 우거져 있었다. 모리참나무도, 타이완미송도 있어 거목의 숲이라고 부르기에 전혀 부족함이 없었다.

이후 우리도 앞선 2007년 여행 당시 발견된 그 타이완삼나무를 찾아냈다. 기사에서는 나무의 지름이 20미터를 넘어섰다고 했지만 이는 오기였다. 실제 지름은 11.1미터였다. 게다가 우듬지가 꺾인 탓에 나무 높이도 47미터 밖에 되지 않았다. 이번 탐사에는 재미난 우연도 있었다. 우리 팀원 중 한 명인 샤오푸小福도 당시 부눈족 뿌리 찾기 여행에 참가했었다고 했다.

백여 년 전 고향을 떠나 흑수구黑水溝*를 넘어온 청나라 병사들은 이 커다란 나무들을 보며 무슨 생각을 했을까? 그 심정이 궁금해짐과 동시에 정체불명의 감동도 조금 느껴졌다.

열도에서 태어난 사람으로서 마음 맞는 친구들과 함께 숲속에 숨겨진 조상의 이야기를 찾아낸다니, 이 얼마나 행복한 일인가.

---

* 과거 타이완해협을 부르던 이름.

1 10년 전 부눈족의 뿌리 찾기 여행에서 만났다는 타이완삼나무 거목을 다시 방문할 수 있어 감동이었다.
2 청대 바퉁관 고도에서도 지형이 가장 험난한 곳이 바로 타뤄무塔洛木 계곡이다.
3 아름다운 청대 바퉁관 고도의 거목 삼림.
4 꽈꽈뚜 못 주변에 있는 오래되고 아름다운 고산참나무高山櫟, Quercus spinosa.
5 청대 바퉁관 고도의 많은 구간에는 여전히 돌계단이 잘 보존되어 있다.

	2	3
1	4	
	5	

선무촌의
녹나무 할아버지

10년 전 복주머니난 복원 육성 연구 업무를 시작했을 때는 화렌현 슈린秀林향 산간지대를 자주 다녔다. 그 덕분에 나는 좋은 등산 파트너인 타로코족* 원주민 부야Buya를 알게 되었다. 한번은 그가 내게 어릴 적 들은 전설을 이야기해주었다. 어른들이 사카당砂卡礑 임도에서 사냥을 하고 있었는데 가장 뒤에 있던 사람이 소리 없이 사라져버렸단다. 아마 구름 표범에게 물려갔을 거라고 했다. 나는 이야기를 들으며 멍해졌다. 부야는 칭수이다산清水大山 아래의 계곡에서 구조, 수색 작업을 하다가 이상한 발자국을 보았다는 이야기도 해주었다. 오랜 세월 산을 누빈 사냥꾼도 처음 보는 발자국이라고 했다.

이 이야기를 듣고 나자 상상력이 폭발했다. 과거 타이완 산림은 대

* 타이완 화롄 지역에 거주하는 부족의 명칭.

형 고양잇과 동물이 신출귀몰하던 곳이었다. 구름 표범이 가장 좋아하는 서식지는 중저中低해발고도* 산간지대에서 자주 보이는 커다란 녹나무라고 했다. 갈라진 녹나무의 껍질이 고양잇과 동물의 발톱으로 오르기에 알맞기 때문이랬다. 넓게 펼쳐진 나뭇가지 역시 서식하기에도, 사냥감을 노리기에도 더없이 좋다.

나는 구름 표범을 단 한 번도 본 적이 없다. 그러나 2018년 여름, 이런 신수神獸가 살기에 적합한 신목을 보긴 했다. 바로 선무촌의 녹나무 할아버지다.

그 여름날, 온종일 난초를 조사한 위 오라버니는 해 질 무렵 선무촌에 있는 자신의 옛 친구를 겸사겸사 만나러 가겠다고 했다. 나는 당연히 쌍수를 들고 찬성했다. 위 오라버니의 친구는 해가 남은 틈에 피망을 따느라 집에 없었다. 그래서 우리는 그해로 연세가 아흔둘이시라던 그 댁 할아버지와 함께 차를 마셨다.

나는 사방을 이리저리 돌아다니다가 문득 거실에 걸린 큰 나무 사진을 보았다. "이 나무 참 멋지네요. 어디에 있는 나무예요?" 할아버지는 그 나무가 선무촌이라는 이름의 유래가 된 '신목神木'이라고 했다! 그의 손자는 대단히 친절하게도 타이베이 촌사람을 트럭에 태우고 그 나무를 구경시켜주었다. 나무 아래에 선 무렵에는 날이 완전히 저물었지만, 그럼에도 나무의 거대한 존재감을 분명히 느낄 수 있었다. 나무의 수형은 이제까지 보았던 큰 녹나무의 수형과는 확연히 달랐다. 현지 주민들은 대수롭지 않다는 듯 말했지만…… 그 나무는 진

* 500~1000미터 사이의 고도.

1 녹나무 할아버지의 옹골차고도 쭉 뻗은 몸체.

2 '나무를 찾는 사람들'이 수관층 생태를 조사하기 위해 녹나무 할아버지에 올랐다.

3 선무촌 주민의 거실에 있는 녹나무 할아버지의 사진.

4 녹나무 할아버지에 오르기 전 경건하게 고사를 지냈다.

1 | 2 / 4 | 3

짜 거대한 녹나무였다! 수형을 보면 전혀 녹나무 같지도 않았다. 주민들이 옛날에는 그 '녹나무 할아버지'에 못을 박고 올라가 애옥愛玉, Ficus pumila var. awkeotsang 열매를 채취했다고 아무렇지 않게 말하는 바람에 깜짝 놀라기도 했다. 우리와 함께 차를 마셨던 할아버지는 여든여덟 살까지 나무에 올라 애옥을 채취했다고 했다. 그들 가족은 룽탄龍潭에서 이주한 하카족客家人으로, 일본 식민지 시대에는 이곳에서 장뇌 제련공으로 일했다. 그리고 이 녹나무 할아버지는 워낙 거대하다 보니 베이기는커녕 신사까지 지어지는 등 받들어 모셔졌다고 했다.

1996년, 선무촌은 태풍 허브로 큰 피해를 입었다. 당시 선무강의 토사가 진흙처럼 흘러내리는 장면은 타이완 전역을 공포에 떨게 했고, 사람들도 극단적인 기후 아래 물과 땅을 보전하는 일이 얼마나 중요한지를 깨닫게 되었다. 다사다난한 선무촌은 2001년 태풍 도라지, 2004년 태풍 민들레, 2009년 태풍 모라꼿으로 인해 토사류 피해를 밥 먹듯 입었다. 한 이십대 청년의 말로는 토사류가 발생한 당시 사당 전체가 나직하게 읊조리는 듯 진동했으며, 물길 근처에 있는 녹나무 할아버지도 가장자리로 번번이 밀려났단다. 심지어 나무 밑동에 토사가 1~2미터나 쌓였지만 녹나무 할아버지는 마지막까지 끈질기게 살아남았다고 했다. 이는 자신들의 터전을 단단히 지키려는 선무촌 사람들의 끈기와 똑같았다. 선무촌에는 매일 차나 오토바이를 타고 녹나무 할아버지를 방문해 향 한 대를 피우고 가는 사람들도 있다. 나는 녹나무 할아버지가 선무촌 사람들에게는 매우 중요한 정신적 지주임을 알게 됐다.

2005년 3월 선무촌에 눈이 내리자, 주민들은 녹나무 할아버지가 하얀 눈을 이고 크리스마스트리처럼 변한 모습을 찍어 전시했다. 그 사진은 말 그대로 내 인생관, 가치관, 세계관을 완전히 바꿔놨다. 나는 시간을 내서 녹나무 할아버지에 올라 조사를 진행해야겠다고 결심했다. 급변하는 기후에 녹나무 할아버지가 얼마나 오래 버틸 수 있을지는 아무도 모른다. 이렇게 위대한 나무를 대신해 나는 기록을 남겨야 했다.

같은 해 10월, 나는 라이다 측량 모델링 스태프들의 도움으로 녹나무 할아버지의 기록 작업을 진행했다. '나무를 찾는 사람들'과 「하카위클리客家新聞雜誌」의 기자, 촬영 스태프가 함께했다. 우리는 녹나무 할아버지에서 자란 33종의 착생식물을 조사했다. 측량 결과, 나무의 높이는 46.4미터였다. 녹나무 할아버지는 그렇게 전 세계에서 가장 큰 녹나무라는 영예를 차지하여 세계기념수사이트에도 등재되었다. 라이다와 드론을 활용해 제작한 녹나무 할아버지의 3D 모델링도 중앙연구원 사이트에 게재되어 대중에게 호평을 받았다. 앞으로 녹나무 할아버지가 얼마나 더 정정하게 버틸는지는 아무도 모른다. 그러나 그는 구름 표범처럼 전설로만 남지 않고, 지구 역사의 한 자리를 당당히 차지할 수 있을 것이다.

1 녹나무 할아버지의 수관층을 양탄자처럼 뒤덮은 엽란.
2 녹나무 할아버지의 수관층을 가로질러 조사하고 있다(뤄지위 촬영).
3 극락조가 녹나무 할아버지의 텅 빈 나무줄기 안에 들어가 탐사하고 있다.
4 하카TV의 촬영기사도 프로답게 나무에 올라 촬영 중이다.

1	2
3	4

난컹강 신목 발견의 전말

약 2년 전, 우리는 다쉐산 산간지대의 난컹강에서 거목을 탐사했다. 그곳 나무에 올라 직접 높이를 측량해보니 단다 산간지대에 있는 단쓰 신목의 기록을 뛰어넘었다. 지금 페이스북과 이메일을 보며 그간의 과정을 정리하고 있자니, 나무와 우리의 인연은 전부 정해진 운명이라는 것을 절감하게 된다.

2018년 3월, 출장 중 중싱中興대학에서 퇴직한 쉬보싱許博行 교수의 메일을 받았다. 그의 메일에는 타이완삼나무 세 자매의 등신 사진에 관한 칭찬 및 세 자매의 나무 높이와 가슴 높이 지름 등 기본적인 정보를 문의하는 내용 외에도, 수십 년 동안 숲을 조사해오면서 78미터가 넘는 타이완삼나무를 본 적이 있다는 이야기도 적혀 있었다.

78미터라고? 그러면 신기록인데. 나는 얼른 쉬보싱 선생에게 문의

했다. 그 나무는 어디에서 보셨나요? 어떻게 측량하셨나요?

그는 내게 슬라이드 필름을 디지털카메라로 찍은 듯한 사진을 보내주었다. 사진 속 거목은 내가 자주 보는, 아래에서 위를 올려다본 각도로 찍혀 있었다. 가장 길다란 부분을 화면에 전부 담아내느라 대각선으로 찍힌 나무줄기는 하늘을 찌를 듯 곧게 뻗어 있었다. 그리고 오른쪽 하단에는 누군가의 뒷모습도 찍혀 있었다. 사진의 초점이 딱 맞지는 않았는데, 아마 손으로 슬라이드 필름을 잡고 촬영하는 게 힘들었던 모양이다. 나는 선생이 한 손으로는 슬라이드 필름을 들어 햇볕에 비추고, 다른 한 손으로는 균형을 잡느라 애쓰며 사진을 찍는 광경을 상상해볼 수 있었다.

쉬보싱 선생의 기억에 따르면 그는 오래전(알고 보니 40여 년 전이었다) 다쉐산의 98임반에서 그 나무를 보았다고 했다. 그곳은 현재 둥스東勢 산림구역관리처에서 관할하는 곳이었다. 나무 높이에 관한 데이터는 임업시험소에서 퇴직한 중융리鐘永立 선배가 알려준 것으로, 당시 원주민에게 나무에 직접 올라 높이를 측량해줄 것을 의뢰했다고 했다. 사진 속 뒷모습의 주인공은 당시 갓 제대한 그의 조수 두칭쩌杜淸澤란다.

두칭쩌라고? 내 옆 사무실 동료잖아? 우리는 그를 라오두*라고 불렀다.

흥분한 나는 라오두에게 달려가 물었다. 쉬보싱 교수님의 조수로 일했던 적이 있나요? 그 나무를 기억해요?

* 성씨 앞에 라오老를 붙이면 비교적 친근하게 부르는 호칭이 된다.

1 난컹강 거목의 우듬지에서 내다본 쉐산의 서西능선.

2 삼림 관리원 장융안이 나무 지름을 측정하고 있다.

3 마침내 목표했던 나무를 찾았다.

4 타이완삼나무 거목의 아름다운 수관층 생태계.

1 | 2 / 4 | 3

그는 그랬던 적이 있는 것 같다고 대답했다. 하지만 벌써 반세기나 지난 일이었다. 또 라오두는 당시 팀 지휘자가 둥스 산림구역관리처의 구지정顧技正이었던 것 같다고도 했지만, 그는 이미 퇴직한 지 오래였다. 라오두는 그곳의 타이완삼나무 모수림이 참 아름다웠다며, 그때의 경험이 자신이 임업 조사에 참여하게 된 계기 중 하나라고 했다.

실마리는 여기서 잠시 끊겼다. 나는 더 이상 조사할 수 없었다.

내가 거목 찾기를 포기한 듯하자 쉬보싱 선생은 초점이 비교적 뚜렷하게 잡힌, 슬라이드 필름을 변환한 디지털 파일 두 장을 다시 보내왔다. 그리고 그 나무가 다쉐산 임도 230선에서 대략 7킬로미터, 약 20분 거리에 있었던 것 같다며 그곳이 무척 아름다운 침엽수 혼합림이었다는 설명도 덧붙였다.

나는 선생이 기억을 되살리려 애쓰는 광경을 상상할 수 있었다(웃음). 쉬보싱 선생은 참 대단했다. 나중에야 증명됐지만 난컹강 신목은 진짜로 그가 말한 곳에 있었다.

그로부터 약 1년이 지난 2019년 1월, 시즈汐止구의 습하고 추운 겨울날 나는 집에서 텔레비전 채널을 돌리다 넥스트TV에서 우연히 삼림보호대에 관한 뉴스를 보았다. 그때 문득 이런 생각이 들었다. 원로 산림 순찰원이 퇴직했다면 젊은 산림 순찰원에게 물어보면 되지 않을까? 나는 당장 둥스 산림구역관리처의 전도유망한 관리원 리샤오친李孝勤에게 해당 거목이 있을 만한 장소를 문의했다. 리샤오친은 그룹 채팅방에 관련 내용을 물어보고는 안마산鞍馬山의 임업 행정 도급업자 탕카이량唐愷良에게 직접 연락해보라는 말을 전해왔다.

탕카이량은 매우 열성적이었다. 퇴직한 자신의 선배 및 현직 관리원들에 수소문해 거목이 존재할 만한 구역 두 군데를 집어주었다. 그중 한 곳은 다안大安구 98임반의 모수림이었고, 다른 한 곳은 230임도에서 11~12킬로미터 떨어진 지점의 길가였다.

나는 이렇게 얻은 두 곳의 위치를 청궁대학 '나무를 찾는 사람들' 파트너들에게 보내 라이다로 검색해줄 것을 부탁했다. 그 무렵 박사 논문으로 골머리를 앓고 있던 리충청李崇誠이 시간을 내어 두 구역을 스캔해주었다. 그는 거목처럼 보이는 나무가 모수림에서만 보인다고 했다. 아울러 그 부근에 있는 70미터 이상 되는 거목의 위치도 알려주었다.

그곳의 지형은 무척 험악해 보였다. 나는 한참을 연구한 끝에 비교적 가능성이 높아 보이는 거목 F번과 E번을 골라냈다. 그리고 이 데이터를 안마산 현장 사무소에 보냈다. 관리원에게 순찰을 돌 때 '겸사겸사' 그들도 봐달라고 부탁할 요량이었다.

눈 깜짝할 사이에 또 몇 달이 지났다. 농림항공측량소 근처에서 드론 강좌를 듣던 나는 자원조사과의 예葉 과장을 만났다. 그는 사전에 해당 지역의 지형을 파악하고 거목의 유무를 판단하려면 항공사진이 도움이 될 거라고 했다. 그의 조언에 따라 나는 자원조사과의 첨단기술정보실에서 스크린 여러 대로 해당 구역을 살펴보는 연습을 했다. 항공사진에 따르면 최근 암벽이 붕괴된 흔적은 없는 듯했다. 또 거목의 우듬지가 수북하게 모여 있는 것처럼 보이는 곳도 있었다.

나는 안마산 현장 사무소에 일정을 잡아 탐사를 가겠다고 답장했다. 그런데 젊고 씩씩한 관리원 쉬밍성徐明聖(샤오성小聖)과 장융안張永安

다쉐산 산간지대에는 커다란 타이완삼나무가 많다.

이 나보다 한발 앞서 F번 나무를 답사하고 왔단다. 그들은 길 상태가 그럭저럭 괜찮았다며, 당일치기로 다녀올 수 있다고 했다.

'나무를 찾는 사람들'은 그렇게 2019년 8월 13일부터 14일, 이틀 일정으로 탐사를 진행했다. 원래는 곧바로 나무에 올라가 측량을 시작하려 했지만 극락조 이 덤벙이가 230임도에 도착하고서야 로프 설치에 사용하는 공기총을 놓고 온 사실을 깨달았지 뭔가. 그래서 이번 탐사는 사전 답사로 만족해야 했다.

그 이틀간은 날씨가 제법 좋았다. 길이 험한 구간도 있었지만 우리는 우리의 힘으로 길을 찾아 F번 나무에 도착했다(관리원이 보고 왔다던 나무와는 다른 나무였다). 그다음 목적지인 E번 나무로 가는 길에도 경사도가 60도를 넘는 곳이 몇 군데나 있었다. 게다가 지반이 헐거워져 있다 보니 사람들이 길을 가로지를 때마다 위험이 잇따랐다. 이 답사를 계기로 청궁대학 왕지쿠이 교수에게 데이터를 의뢰할 시 거목 주변의 경사도도 함께 계산해달라고 요청하게 됐다. 그리고 이는 나중에 타오산 신목을 찾는 데에도 도움이 됐다.

답사에서 돌아온 직후 나는 페이스북에 이렇게 썼다.

#야생 나무 탐사란 바로 이런 것

이번에는 다안강의 타이완삼나무를 탐사하러 떠났다. 라이다로 수형을 측량하니 나무 높이가 80미터에 육박하는 것처럼 보였다. 이건 지금껏 한 번도 도달해 본 적 없는 높이(지금까지의 최고 기록은 73미터였다)였다. 당연히 라이다만으로는 그것이 타이완삼나무라고 장담할 수가 없다. 그러나 이만큼 높이 자라는 나무라면, 지금의 나는 그게 타이완삼나무일 확률이 팔 할은 된다고 보증할 수 있다. 이틀간의 현지답사 결과, 그 나무는 틀림없는 타이완삼나무였다.

비록 나무에 올라가지는 못했지만 우리에겐 드론에 레이저 측거기까지 있었고, 거목을 보는 경험도 제법 쌓인 상태였다. 실제로 본 F번 타이완삼나무의 높이는 대략 70미터 남짓, E번 타이완삼나무의 높이는 60미터 남짓해 보였다. 그렇다면 라이다 데이터의 오차는 어쩌다 발생한 걸까? 현지에서 만난 F번 나무는 평균 경사도 40~50도의 비탈에서 자라고 있었고, E번 나무는 경사도 60도가 넘는 비탈에서 자라고 있었다. 지상 라이다로 나무 밑동을 추정한 뒤 그 값을 고려해 나무 높이를 계산하면, 그 수치가 실측 결과와 거의 비슷했다. 이 말인즉 앞으로의 거목 탐사 프로젝트에서는 현장답사를 나가기 전 경사도 35도 이상 지역을 제외해야 라이다 데이터 값에 준하는 나무를 만날 수 있다는 뜻이었다. 그 이상 가파른 곳에서 자라는 나무라면, 실제 나무 높이가 예상치보다 좀더 낮을 거였다. 이번 사례를 보면 대략 경사도 35도에서 자라는 나무의 높이 측량 결과는 제법 정확해서 라이다 데이터와의 오차도 1~2미터 내외였다. 이러한 판단에는 비단 오차에의 우려뿐만이 아니라 한 스태프의 개인적인 바람도 반영되어 있었다. E번 나무에 갈 때처럼 경사도가 60도 이상인 계곡 구역을 가로질러야 할 경우, 이동해야 하는 직선거리가 100미터를 넘지 않더라도 가벼운 짐을 짊어지고 왕복하는 데만 한 시간이 소요됐다. 이런 식이라면 자칫 일주일을 소모하게 될지도 몰랐다. 수지타산이 맞지 않는 일이었다.

마침내 우리는 같은 해 9월 28일과 29일 양일간, 이후 난컹강 거목이라고 이름 붙인 F번 나무에 올랐다. 이번에는 탐사 당일 오후에 천둥과 번개를 동반한 비가 내려 모두 쫄딱 젖어버렸다. 또 중장비를 짊어진 채 비탈길을 내려오던 한 파트너가 미끄러지며 비탈 아래에 있던 팀원을 덮치고 말았다. 팀원은 그 탓에 무릎을 심하게 삐었다. 천신만고 끝에 야영지에 도착했지만 천막을 치자마자 비가 억수처럼 쏟아지기 시작했고, 낡은 방수천에 뚫린 구멍으로 빗물도 줄줄 샜다. 다행히 이튿날에는 해가 나서 겨우 로프를 설치하러 갈 수 있었다. 난컹강 거목에 로프를 설치하는 것 역시 그다지 어렵지 않았고 우리는 두 번의 시도 만에 성공했다. 그다음에는 평소처럼 내가 총 나무 높이를 쟀는데, 난컹강 거목의 높이가 단쓰 신목이 보유한 기록을 1미터가량 웃돌았다! 다리를 삐어 야영지를 지키던 동료도 우리가 나무 위에서 내지른 환호성을 들었다고 했다.

나무에서 내려왔을 땐 이미 해가 질 무렵이었다. 우리는 서둘러 장비를 정리하고 해발 500미터에서 임도로 돌아갔다. 하늘이 컴컴해진 후에야 두 발을 임도에 디딜 수 있었다. 태풍 미탁은 그 이튿날 습격했으므로, 이날은 운 좋게 아름다운 저녁노을과 구름바다를 볼 수 있었다. 보아하니 태풍 역시 '나무를 찾는 사람들'이 신기록을 세우는 데 중요한 요소 중 하나인 모양이다.

1 거목 수관층에 올라야만 착생식물의 왕성한 생명력을 볼 수 있다.

2 최근 탐사에서는 타이완 산간지대에서 전죽箭竹, Yushania niitakayamensis이 대량으로 꽃을 피우고 죽은 모습을 자주 본다.

3 험한 숲속에 겨우 캠프를 설치했다.

4 난컹강에 있는 높이 70미터 이상의 거목 우듬지에서 본 꽃 피운 모연악콩짜개난.

5 타이완삼나무 거목의 잎은 인편엽으로 변해 까칠까칠하지 않고 매끌매끌하다.

6 타이완삼나무 거목에서 주운 구과와 잎.

1		4	5
2	3	6	

타오산 신목 탐사 기록

몇 번째 탐사를 나간 때였는지 정확히 기억나진 않지만 한 동료가 당시 내게 이렇게 물었었다. "타오산 신목은 무슨 나무야?"

"모르겠는데. 그 나무가 진짜로 있는지 없는지도 몰라."

"그럼 보물찾기 같은 거네? 재밌겠는걸."

솔직히 말해서 나무를 찾는 일은 수다라도 떨지 않으면 계속하기 힘든 일이다(웃음).

이야기의 시작은 2019년 연말로 거슬러 올라간다. '나무를 찾는 사람들'의 라이다 팀은 당시 매우 뛰어난 성적을 기록하고 있었다. 65미터 이상의 거목을 172그루나 찾아냈고, 그중 가장 큰 나무 둘은 77미터짜리로 하나는 쉐산산맥 깊숙한 곳의 타커진塔克金 계곡 상류에, 나머지 하나는 단다의 산간지대에 있었다. 가장 눈에 띄는 점이라면 전자가 평균 경사도 10도의 골짜기에서 자라고 있다는 것이었다. 우리가 그동안 찾아낸 거목 대부분은 경사도가 40도가 넘어 제대로 서 있기조차 힘든 험준한 계곡에 있었다. 고산의 계곡에는 이처럼 평탄한 골짜기가 대단히 드물다. 게다가 나무가 평탄한 곳에서 자랄 경우 라이다로 예측한 높이 역시 더욱 정확해진다.

탐사대에게 이 좌표를 보여주니, 다들 타오산에서 시작해 타커진 계곡으로 들어가는 코스가 비교적 수월할 거라고 했다. 고산 계곡의 물길을 거슬러 올라가기가 만만치 않아서였다. 게다가 해발 1000여 미터 이하라면 3킬로미터 남짓한 직선거리도 그다지 부담스럽지 않았다.

2020년 3월 하순, 나는 뤄 코치에게 타오산 신목을 찾으러 가자고 했다. 뤄 코치는 타이완 백악 완등 순위 100위 안에 드는 베테랑 등산가이자 '나무를 찾는 사람들'의 대장 중 한 명이다. 그는 탐사를 위해 벌목도山刀와 길을 표시할 등산 리본까지 챙겨왔다. 너무 오버하는 거 아닐까? 나중에야 증명됐지만 그가 치밀하게 준비해서 참 다행이었다. 그러지 않았더라면 우리는 구조대의 도움을 기다리는 처지가 되었을 테니까.

그해 4월 제2차 탐사를 나섰을 때는 대량의 등산 리본과 벌목도를 준비해 길을 내면서 나아갔다. 하지만 목표물까지의 직선거리가 300미터도 채 안 남은 곳에서 철벽같은 전죽의 바다를 만나는 바람에 기가 꺾여 돌아와야만 했다. 우리는 이대로 물러나는 것이 아쉬워 빗속에서 드론을 띄웠고, 타오산 신목과 비슷한 나무의 영상을 얻었

1 제2차 타오산 신목 탐사 때에는 목표물까지 직선거리 300미터를 남기고 멈춰서야만 했다(사진 출처: 구글 어스).

2 빗속에서 드론으로 촬영한 영상. 타오산 신목으로 추정되는 거목들이 보인다.

3 타오산 신목의 라이다 영상. 경사가 매우 평탄하다.

4 타오산 신목(초록색)과 주변에 있는 거목의 상대적인 위치. 남색 윤곽선으로 표시된 부분이 마른 연못이다.

1	3
2	4

2137
2106
2090
2074

다. 게다가 라이다 팀은 타오산 신목 주변을 촬영한 항공사진을 보더니 그곳에 연못이 있는 것 같다고 했다. 그 나무가 진짜로 있는 모양이네? 의욕이 샘솟았다.

제3차 탐사는 6월이었다. 이전 탐사 때 우리의 전진을 가로막았던 전죽의 바다에는 그맘때 꽃이 피어 있었다. 생명력이 약해진 전죽의 바다는 손으로 헤치고 나아갈 만했다. 그래서 우리는 전죽의 바다에서 구르다시피 내려와 신비한 골짜기로 들어갔다. 그곳은 거목의 낙원이라고 불러도 지나치지 않았다. 작은 골짜기에 거대한 대만넓은잎삼나무, 편백, 타이완삼나무, 화산송華山松, Pinus armandii var. mastersiana이 가득했다. 우리는 거인국에 온 것처럼 당황스럽기도 했지만 동시에 잔뜩 신이 나기도 했다.

항공사진에 나온 연못은 이미 말라 청록색 골짜기로 변해 있었다. 타오산 신목은 바로 골짜기의 정면에서 자라고 있었다. 다만 여기에 캠프를 차릴 경우 물을 구하는 게 문제였다. 직접 타커진 계곡의 깊은 골짜기까지 내려가 물을 떠 오는 게 쉬운 일은 아니었기 때문이다. 그런데 말라버린 골짜기를 탐사하던 도중 우리는 샘물을 발견했다. 다음에 다시 방문할 때에는 물 걱정을 하지 않아도 될 듯했다.

하지만 그해 여름 강수량이 너무 적었던 탓인지 평지에 있는 거대한 댐에도 수량 부족 경보가 내려졌다. 2020년 8월 21일, 우리는 나무 높이 측량을 위해 제4차 탐사를 떠났다. 이튿날 타오산 신목에 도착하자마자 샘부터 살펴보았는데, 마른하늘에 날벼락이었다! 그전까지만 해도 풍부한 수량을 자랑했던 샘이 그새 말라붙어 있었다.

대원들은 타커진 계곡으로 내려가 물을 떠 오기 위해 물병과 물주머니를 모았다. 출발 전 브라이언이 드론을 이용해 그곳을 살펴보았더니 계곡이 무척 깊었다. 그래서 나는 로프 하나를 그들에게 건넸다. 물을 떠놓고도 돌아오지 못하면 그야말로 망하는 거였다.

그들은 물을 찾으러 갔고, 우리는 로프를 설치하러 갔다. 극락조가 물었다. "타오산 신목에 로프 설치하는 게 쉬울까?" 나는 어려울 거라고 대답했다. 수관층 높이가 40미터를 넘는 데다, 그와 나란히 자라고 있는 편백과 어린 타이완삼나무에 가려진 탓에 어림짐작만으로 공기총을 쏴야 했기 때문이다.

결국 극락조도 공기총을 일곱 발이나 쏘고서야 50미터 높이의 나뭇가지에 로프를 걸 수 있었다. 다행히 타오산 신목이 탄환을 되돌려준 덕분에 소진은 피할 수 있었다. 세 번째 탄환을 쏘았을 때 나는 타오산 신목을 껴안았다. 나무줄기가 따스하게 느껴져 마음이 놓였다. 타오산 신목이 우리에게 장난을 치려는 것뿐이며, 단지 우리의 성의를 시험하는 거라 느껴졌다.

그때 파트너들도 좋은 소식을 가지고 돌아왔다. 샘의 하류 구역에 물이 고여 있었다며, 위험을 무릅쓰고 계곡까지 내려갈 필요가 없었다고 했다(안도의 눈물).

야영지의 밤하늘에는 별이 가득했다. 은하수도 보였다. 이튿날 나무에 올라가 조사를 진행하는 일도 순조로울 듯했다. 그런데 그날 새벽 2시부터 큰비가 내리기 시작했다. 하산한 다음에야 알게 되었지만 타이완 동쪽 먼바다에서 태풍 바비가 빠르게 형성되고 있던 탓이었

타오산 신목

1 타오산 신목과 그 앞에 있던 마른 연못.

2 '나무를 찾는 사람들'이 첫날 캠프를 차린 철삼나무鐵杉, Tsuga chinensis var. formosana 야영지.

3 타오산 신목 수관층 꼭대기에서 내려다본 야영지.

4 타오산 신목 수관층에서 뤄 코치가 로프를 고정하고 있다.

5 새벽에 타오산을 출발하며 찍은 일출 사진.

6 타오산 신목이 자라는 타커진 계곡.

<table>
<tr><td rowspan="3">1</td><td>2</td><td>5</td></tr>
<tr><td>3</td><td>6</td></tr>
<tr><td>4</td><td></td></tr>
</table>

다. 8월 22일에는 비가 거세게 내렸다. 물 문제는 해결된 셈이었지만, 천막도 빗물을 이기지 못하고 주저앉을 뻔한 정도이긴 했다.

「MIT타이완지」의 마이麥 감독은 비가 내리면 나무에 오르지 못하는 게 아니냐고 물었다. 나는 그럼에도 나무에 올라가 측량할 것이라고 답했다. 여기에 단 한 번 오는 것도 결코 쉬운 일이 아니었다. 또 어디에서 그런 믿음이 생겨났는지는 몰라도 정오 전에는 비가 그치리라는 예감도 들었다.

10시가 되자 거센 비바람이 잦아들고 골짜기 위로 푸른 하늘이 드러나며 햇빛이 조금씩 내리쬐었다. 극락조는 곧바로 장비를 착용하고 나무에 올랐다. 그가 로프를 걸어둔 지점에 올라 수직 측량을 해보니 나무줄기 밑동까지의 거리가 48미터였다. 그는 그곳에 표식을 남긴 뒤 계속해서 우듬지를 향해 올라갔다. 나와 뤄 코치가 그 뒤를 이어 올랐다. 우리 둘이 60미터 높이에 접근했을 때 극락조는 우듬지에 도달했다. 우리는 극락조가 내려준 줄자를 방금 전 그가 표시해두었던 부분에 가져다 댔다. 극락조가 무전기로 보고한 숫자는 31.1미터였다.

진짜야? 머리가 아찔했다. 두 숫자를 합하면 무려 79미터였다. 지상에 있던 사람들도 무전 내용을 듣고는 환호성을 질렀다. 나중에 들은 이야기지만 지상에 있던 몇몇은 내기를 걸기도 했다고 한다(웃음).

아쉽게도 타오산 신목은 우리가 오래 자축하도록 놔둘 마음은 없었던 모양이다. 하늘에서는 또다시 큰비가 쏟아지기 시작했고 저 멀리서 천둥소리도 들려왔다. 우리는 물에 빠진 생쥐 꼴이 되어 나무에서 내려왔다. 샤오양이 따뜻한 동아차를 끓였고, 소시지도 굽기 시작했다. 나는 문득 무척 행복했다.

이처럼 계속 거세게 내리던 비는 이튿날 새벽 우리가 돌아가기 직전에야 겨우 그쳤다. 태풍 속에서도 타이완에서 가장 높은 나무 측량을 완수할 수 있었다니, 정말로 하늘이 도왔다!

나는 천위펑 선생의 명언을 떠올렸다. 사실 숲은 늘 우리를 구원하고 있다. 거목을 찾는 여정이란 몸은 피곤하더라도 마음과 영혼은 대단히 만족스러운 것이다. 천혜의 포르모자 환경을 저버리지 않기 위해서라도 우리는 계속 배낭을 짊어지고 용감하게 미지를 찾아 숲으로 갈 것이다.

다시, 또다시.

잠깐 날이 갠 틈을 타 타오산 신목에 올랐다.

수관층 생태의 숨겨진 이야기

착생식물이라는 세입자

착생식물을 현대 타이완 사회 구성원에 비유한다면 평생 내 집 장만을 하지 못하는 무주택자에 해당할 것이다. 착생식물이 나무에 싹을 틔우고, 삶의 전부 또는 일부 시기를 수관층에 서식하며, 지면과 접촉하지 않는 식물 생태군을 뜻하기 때문이다.

좀 더 까놓고 말하자면, 그들은 땅에 내려오지 않고 커다란 나무에 세 들어 사는 식물이다.

그러나 착생식물과 기생식물은 다르다. 착생식물은 생존에 필요한 양분을 숙주식물에게서 빼앗지 않고 자체 광합성을 통해 얻는다. 비유하자면 착생식물은 숲속에서 커다란 나무라는 아파트에 세 들어 살면서 스스로 밥벌이를 하는 세입자다. 의식주를 가족에게 의탁하는 캥거루족 같은 기생식물에 비하면 이들은 훨씬 독립적이다.

1 인공적으로 조림한 삼나무의 착생식물은 비교적 단순하며, 주로 선태식물이다.
2 착생란은 타이완 착생식물 중 두 번째로 큰 분류에 속한다. 그중 가장 큰 부류는 착생 양치식물이다.
3 옥산불고사리는 타이완의 가장 높은 해발고도에 분포하는 착생식물이다. 난후 산간지대에서 촬영했다.

1 | 2 / 3

한발 더 나아가 삼림 수관층의 착생식물은 관다발 착생식물과 비관다발 착생식물, 크게 두 종류로 나뉜다. 양치식물과 종자식물을 포함한 관다발 착생식물은 체내에 수분과 양분을 전달하는 관다발 조직이 있으며, 비교적 진화된 분류군에 속한다. 반면 비관다발 착생식물은 선태류와 조류가 주를 이룬다(그렇다. 수관층에도 조류가 있다!). 그 밖에도 삼림 수관층에서 생장하는 동시에 착생식물과 혼동하기 쉬운 생물로는 지의류, 진균류, 남조류* 등이 있다.

내가 추산해본 바에 따르면 타이완에는 관다발 착생식물만 약 350종이 있다. 그중 가장 많은 종은 양치식물로 170종에 달하며, 그다음이 착생란으로 약 120종이 있다. 수관층 연구가 더욱 심화되면 미래에는 새로운 착생식물 종류가 더욱 많이 발견될 것이다.

전 세계 관다발 착생식물 대부분은 열대의 습한 구역에 분포한다. 타이완처럼 섬나라인 일본도 해양성기후이긴 하지만, 겨울철 눈이 내리는 온대기후이기에 관다발 착생식물은 약 50종뿐이다. 과거 빙하기의 영향을 받은 오스트레일리아 대륙의 착생식물 숫자는 손에 꼽을 수 있을 정도다. 반면 타이완은 해양성기후에 속하면서도 빙하기에 지나치게 춥지 않았으므로 착생식물 종류가 비교적 많다. 중앙산맥의 드넓은 운무대**가 습기를 좋아하는 착생식물이 살기에 적합하기도 하다. 연구자에게 큰 행운인 것이다.

착생식물은 왜 하필 땅이 아닌, 물도 흙도 없는 공중의 수관층을 선

* 세포 내에 핵 또는 색소체를 갖지 않은 조류.
** 주기적으로 구름과 안개가 끼는 지대.

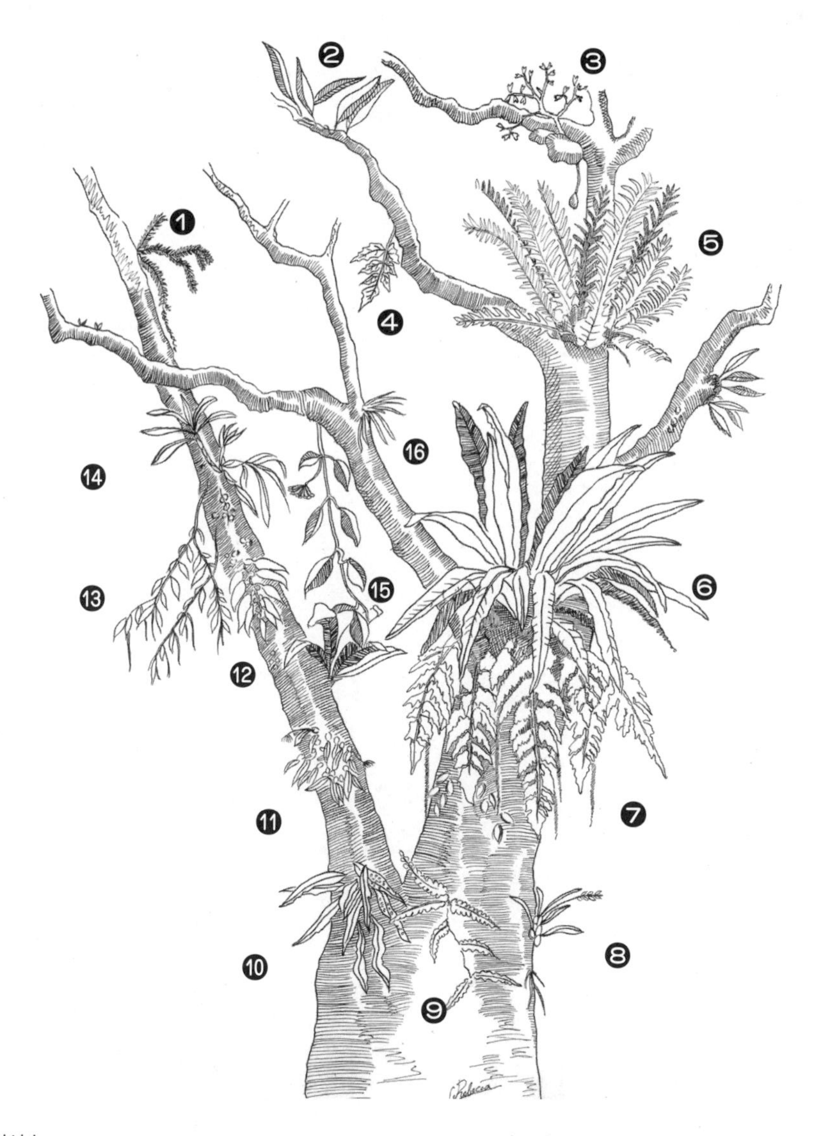

❶ 복씨석송福氏石松, Phlegmariurus fordi

❷ 석위

❸ 요엽월귤

❹ 넉줄고사리

❺ 애강고사리

❻ 둥지파초일엽

❼ 대흑병철각고사리大黑柄鐵角蕨, Asplenium pseudolaserpitiifolium

❽ 일엽양이산一葉羊耳蒜, Liparis bootanensis

❾ 병고사리瓶蕨, Vandenboschia brachylepis

❿ 파씨성고사리波氏星蕨, Microsorum superficiale

⓫ 황악권판란黃萼捲瓣蘭, Bulbophyllum retusiusculum

⓬ 유엽등柚葉藤, Pothos chinensis

⓭ 장과등

⓮ 수융란樹絨蘭, Pinalia copelandii

⓯ 호야

⓰ 희서대고사리姬書帶蕨, Haplopteris anguste-elongata

푸산 수관층의 다채로운 착생식물 생태(저자 손 그림).

1 운무림에서 자라는 홍반송란紅斑松蘭, *Gastrochilus fuscopunctatus*은 기후변화에 대단히 민감하다.

2 소엽고사리梳葉蕨, *Micropolypodium okuboi*는 운무림의 지표성 착생식물이다.

3 타이완일엽란台灣一葉蘭, *Pleione bulbocodioides*의 무성한 군락은 과거 불법 채취가 성행했던 탓에 이제는 수관층의 높은 곳에서만 볼 수 있다.

1 | 2 | 3

택했을까? 사실 열대나 아열대의 무성하고 습한 숲에서는 식물끼리의 경쟁이 대단히 치열하다. 착생식물이 귀한 햇빛과 생장 공간을 확보하려면 높은 나무 위로 이동하는 수밖에 없다. 그들은 공기 중의 수분과 양분을 흡수하는 기교를 발달시켰으며, 땅으로부터 물을 얻을 수 없는 공중 생활에 적응하기 위해 일련의 형태와 생리학적 구조도 변화시켰다. 예를 들면 새 둥지 형태로 물을 모으거나, 해면海綿과 같은 조직에 수분을 저장하거나, 통통하고 즙 많은 가덩이줄기에 수분과 양분을 저장하거나, 잎 표면의 융모나 인편으로 물기를 흡착하고 수분의 증발을 막는 식이다. 일부 착생식물은 사막에서 선인장이 광합성 하는 방식인 크레슐산 대사 기제를 발전시키기도 했는데, 기온이 내려가는 밤에 기공을 열어 이산화탄소를 흡수함으로써 수분 증발을 최소화한다.

수많은 착생식물이 덩굴손을 이용해 기어오르고 무성 번식으로 자신의 분포 범위를 넓힌다. 그뿐만 아니라 착생식물의 종자는 대부분 매우 작고 가늘다. 그들은 인해전술로 바람을 활용해 수관층의 높은 곳에서 대량의 종자를 퍼트린다. 종자가 운 좋게 적당한 숙주와 서식지를 찾는다면 싹을 틔우고 생장할 수 있을 것이다. 요컨대 수분과 양분이 안정적으로 공급되지 않는 수관층에서 생존하려면 착생식물도 몇 배로 노력해야 한다. 반면 비교적 습도가 높고 환경도 안정적인 운무림에서는 수관층 착생식물을 어렵지 않게 발견할 수 있다. 이들은 우발성 착생식물Accidental epiphyte이라 불린다. 치란 산간지대의 편백 어미나무 수관층에 움튼 무수한 어린나무처럼 일본, 뉴질랜드와 같이

다습한 산간지대에는 우발적으로 자라나는 착생식물이 많다.

착생식물이 인류에게 이롭다는 것보다 더 중요한 사실이 있다. 바로 그들이 생물 다양성을 보전해주는 핵심 식물군이라는 사실이다. 착생식물은 숲의 수목이 제공하는 서식지에 의지해 살아가기는 하지만, 반대로 그들 또한 수관층에 풍부하고 다양한 서식 환경을 제공한다. 예컨대 동남아 우림의 개미식물이 그렇다. 이런 종류의 착생식물과 개미는 기묘한 공생 관계로 발전했다. 개미식물은 뿌리와 줄기를 팽창시켜 내부 공간을 확보하고 밀즙을 분비해 개미에게 먹이와 주거지를 제공한다. 개미떼도 식물에게 보호를 제공한다. 잘 알려진 또다른 예로는 남미의 애크메아Aechmea와 수관층 양서류 간의 공생 관계가 있다. 애크메아의 잎 중앙에는 저수조직이 있어 나무에 사는 양서류에게 서식 장소와 먹이 자원을 공급한다. 콜롬비아 운무림에서 연구한 바에 따르면 250종가량의 곤충 유충, 개구리, 게가 평생 지면을 딛지 않고 이 공중 연못에서 산다고 한다. 그리고 공기 중에 노출된 착생식물은 환경 조건 변화에 유난히 민감하다. 북유럽 국가에서는 흔히 지의류와 선태류를 관찰해 공기 오염도 데이터를 얻는다. 내 박사 논문도 착생식물의 반응으로 기후변화가 삼림 생태계에 미칠 충격을 예측할 수 있다는 내용이다.

여기까지 읽고도 착생식물이 게으른 존재라고 생각하는가? 사실 그들도 생존을 위해 열심히 노력하고 있다.

1 청록색 쌍판반엽란雙板斑葉蘭, Goodyera bilamellata이 두꺼운 선태류 더미에서 자라고 있다.

2 나이 많은 회목에서 자라는 대엽옥산불고사리大葉玉山茀蕨, Selliguea echinospora.

3 지의류는 착생식물로 오해받곤 하지만 사실 조류와 공생하는 식물이다.

4 소막개고사리과 같은 착생식물은 겨울이 되면 색이 변하고 잎이 떨어지며 줄기만 남은 채로 겨울을 난다.

1	2
3	4

거목이라는 집주인

앞서 나는 착생식물이 세입자라고 했다. 그렇다면 그들의 집주인도 소개해야 할 것이다. 특히 거목 등급의 집주인은 엑스트라가 아닌 만큼 특별히 분량을 할애할 만하다.

원시 삼림 속 우뚝 솟은 거목의 수관층은 수직으로 뻗은 아찔한 고도로 감탄을 자아내지만, 연구자로 하여금 쉽게 도달할 수 없겠다는 아득한 느낌을 주기도 한다. 과거 연구자 대다수는 망원경을 사용해 수관층을 간접적으로 관찰하거나 태풍으로 땅에 떨어진 식물을 주워 연구해야만 했다. 심지어 벌채 작업의 힘을 빌리는 등 파괴적인 방법으로 샘플을 채취하기도 했다. 그러나 1980년대 이후부터는 로프 기술을 이용해 나무에 오르는 수관층 생물학자가 점점 늘어나기 시작했고, 그에 따라 삼림 수관층 연구 수준도 점점 발전하고 있다. 심지어 수관층에서 바로 실험과 측량을 진행할 수도 있게 됐다. 그러나 삼림에서 진행하는 다른 분야의 연구 프로젝트에 비하면, 수관층 생물 자원을 조사하고 탐사하는 연구는 여전히 드문 편이다. 그래서 삼림 수관층을 지구의 이너 스페이스라고 부르기도 한다. 아직도 수많은 미지의 생물과 생태 현상이 우리의 진일보된 연구를 기다리고 있다.

지구상에도 70미터가 넘는 거목은 매우 드물다. 침엽수 거목 대부분은 미국 태평양 연안 북서부에 모여 있고, 활엽수 거목은 보르네오섬의 원시 우림, 브라질의 아마존 우림, 오스트레일리아의 태즈메이니아섬에서 볼 수 있다. 타이완은 동아시아에서 유일한 '높이 70미터가 넘는 거목의 생육지'라고 할 수 있다.

거목의 생태적 가치는 그 무엇으로도 대신할 수 없다. 특히 거목의 수관층에 숨겨진 생물 자원과 구조, 생태는 어리고 작은 나무보다 훨씬 복잡하다. 몇백 살 이상의 거목에서만 생존할 수 있는 착생식물도 있다. 그 원인이 무엇인지는 확실치 않지만, 거목 수관층에 축적된 풍부한 부식층 및 특수한 미생물과 관련이 있다고 추측해볼 수 있다. 복잡하고 거대한 수관이 희귀 식물의 생존에 필요한 안정적인 미기후를 유지시키고 있는 건지도 모른다.

그럼 거목으로 성장하려면 어떤 조건이 필요할까? 거목은 왜 쉬지 않고 자라는 걸까? 크게 자라면 어떤 장단점이 있을까? 크게 자라려면 어떤 조건이 갖추어져야 할까?

사람과 나무는 다르다. 나무가 크게 자라는 원인은 '키 크고 돈 많고 잘생겨야' 연애 상대를 찾기에 더 수월해서가 아니다. 숲에서 가

미국 북서 태평양 연안의 레드우드. 현재 세계에서 가장 큰 나무다.

타이완 동북부, 치란 산지의 운무림은 매우 귀중한 생태계다.

장 큰 나무가 갖는 이점으로는 이런 것들을 상상해볼 수 있다. 이웃보다 키가 크면 수관층도 비교적 높은 곳에 형성될 테니 보다 많은 햇빛(에너지의 근원)을 받을 수 있다. 아울러 이웃 나무의 햇빛을 막아 그들이 크지 못하게 할 수도 있다(배불리 먹지 못하게 하는 것이다). 키가 자라면 자랄수록 작은 나무들과는 점점 더 멀어지고, 귀찮은 덩굴식물과도 떨어질 수 있다. 불행히 숲에 화재가 발생하더라도 중요한 기관(잎, 싹, 꽃, 열매)이 불에 타지 않을 가능성이 높다. 종자와 꽃가루를 퍼트리더라도 더 높은 곳에서 퍼트려야 더 멀리 퍼트릴 수 있다.

물론 키가 크다는 데에는 장점만 있는 건 아니다. 만약 그렇다면 다들 누가누가 더 큰지만 겨루지 않겠는가. NBA에서 큰 키로 내리꽂는 덩크 슛만으로 경기를 이길 수 있다면 야오밍처럼 키 큰 사람 다섯 명만 찾아 팀을 짜면 우승할 수 있을 것이다. 하지만 시합은 그렇게 하는 게 아니다. 숲속의 나무와 꽃은 겉으로는 안정적이고 평화로워 보이지만, 사실 물밑에서는 NBA 저리 가라 할 만큼의 치열한 경쟁을 펼치고 있다.

높이 자라기로 결심한 나무는 생리적·물리적 도전에 맞닥뜨려야 한다. 큰 체형을 유지하려면 기본적으로 아주 많은 에너지를 써야 한다. 키 큰 사람이 키 작은 사람보다 더 많은 식비를 지출하지 않는가. 설령 수분과 햇빛이 충분하다고 한들, 수분과 양분을 전신의 나뭇가지와 잎으로 살뜰히 전달하는 일은 결코 만만치 않다. 게다가 키가 크면 체중도 늘어난다. 몇백 톤이나 되는 목재의 중량을 지지하며 곧게 서 있는 것 자체가 힘든 일이다. 키 큰 운동선수가 시합장에서 중심을

잃기 쉬우며, 발목과 무릎을 접질릴 확률도 작은 선수보다 더 큰 것과 같은 이치다.

숲에서 가장 큰 나무는 벼락 맞을 위험도 크다. 어려운 일 앞에서도 물러서지 않고 적극적으로 나서는 피뢰침이라고나 할까. 그뿐만 아니라 고층은 전망이 좋긴 해도 태풍이 불어닥치면 무시무시한 폭풍우를 가장 먼저 맞는 곳이기도 하다.

과거 수많은 과학자는 수분과 양분의 공급이 키를 결정한다는 등 나무의 높이를 제한하는 몇 가지 인자를 제시했다. 하지만 목질 덩굴에서는 이런 제한 인자를 찾아낼 수 없었다. 최근 과학자들은 운무대에서 자라는 거목이 잎의 기공을 통해 공기 중 물기를 흡수할 수 있다는 증거를 발견했다. 이를 보면 수분이 가장 중요한 제한 인자는 아닐 것이다.

거목은 대부분 골짜기에서 자란다. 골짜기가 수원이 충분할 뿐 아니라 바람을 피하기에도 유리하기 때문이다. 타오산 신목만 해도 바람이 차단되는 평탄하고 비옥한 산골짜기에서 생장하지 않았는가.

그밖에도 과학자들은 대다수 거목의 수형이 우산형이 아닌 원주형이라는 사실도 발견했다. 지금까지 우리가 찾아낸 60미터 이상의 타이완삼나무와 대만넓은잎삼나무 역시 가지가 짧고 이파리가 적은 원주형이다. 이런 수종들은 전 세계적으로 조림 시 많이 활용되는데, 비교적 짧은 기간 내 더 많은 목재를 생산할 수 있기 때문이다. 이 나무들은 주로 위로 자라며 옆으로는 자라지 않으므로 조림의 취지에도 딱 들어맞는다.

전 세계의 나무 높이 분포를 살펴보면 위도가 낮을수록 나무는 높이 자란다. 과학자들은 간단한 에너지 평형 모델을 기반으로 나무의 생장 크기를 예측한다. 간단히 말해 나무가 높이 자랄수록 생명을 유지하는 데 필요한 에너지 양이 늘어나면서 생장이 느려진다. 온도가 높을수록 생장률은 높아지고, 생명 유지에 필요한 에너지 양도 많아진다. 나무는 이 두 가지 조건이 평형을 이룰 때 최대치로 생장한다. 에너지 평형 모델에서 온도가 늘 일정하게 유지되고 토양 등 양분 인자가 제한 인자가 되지 않을 때, 나무의 성장과 목재의 누적에 가장 적합한 온도는 섭씨 13도다.

타이완섬 면적의 6할은 숲으로 덮여 있다. 원시 삼림도 최근 백 년간 벌채를 겪기는 했지만 여전히 풍부하다. 하지만 거목에 관한 과거의 연구는 손에 꼽을 정도로 적다. 미래에는 '나무를 찾는 사람들'이 타이완 거목 분포 형식의 비밀도 풀고, 세계 판도에 영향력도 미칠 수 있기를 기대한다.

타이완삼나무 거목은 나무줄기가 대부분 원주형이고 지하고는 30미터를 초과하며, 나뭇가지가 적다.

중해발고도의 운무대:
착생식물이 가장 좋아하는 노른자위

앞의 두 개 장에서는 세입자 착생식물과 집주인 거목의 미묘한 관계를 소개했다. 그렇다면 타이완에서 착생식물 또는 거목에게 가장 사랑 받는 (생장) 구역은 어디일까?

사실 착생식물과 거목이 유난히 좋아하는 장소가 있기는 하다. 바로 타이완 중해발고도 산간지대에 있는 운무대다. 이 구역은 어째서 그들의 총애를 받는 걸까? 지금부터 설명하겠다.

산지의 운무림이란 무엇일까?

축축하다, 시원하다, 어둡다. 이는 산지 운무림에 들어선 대부분이 느끼는 첫인상이다. 산지의 운무림은 대체로 열대 또는 아열대 바다와 인접해 있으며, 매일 주기적으로 운무가 끼고, 착생식물로 가득한 수관층을 가졌다. 해안에서 불어온 습한 공기는 산지를 따라 위쪽으로 상승하며, 온도가 낮아짐에 따라 짙은 안개 띠로 변한다. 보통 정오가 지나면 안개가 온 삼림을 휘감는데, 이를 거인의 시각으로 보면 안개가 띠 형상으로 산비탈을 둘러싼 것 같다고 해서 운무대라 불린다.

지구상에 있는 숲을 통틀어 운무림이라고 부를 만한 곳은 1퍼센트밖에 없다. 주요 산지 운무림은 중남미, 동아프리카, 보르네오섬, 뉴기니 등에 분포해 있다. 타이완은 아열대와 열대가 교차하는 곳에 있는 고산 섬으로, 면적은 좁지만 산지 운무림이 매우 광범위하게 분포되어 있다. 특히 과거 타이완에 드넓게 펼쳐져 있던 회목 숲은 세계에서도 보기 드문 생태의 보고였다.

수관층에서 생장하는 착생식물은 매일 오후 운무가 가져다주는 물기로 불규칙한 강우로 인해 부족했던 수분을 보충한다. 하늘을 찌를 듯이 높은 거목도 잎에 물안개를 가둠으로써 뿌리에서부터 거대한 몸 전체로 공급해야 하는 수분을 확보한다. 실제로 삼림 수관층은 다량의 물안개를 가둘 수 있다. 과거 한 연구에 따르면 치란 산간지대의 편백 가지와 잎은 매년 약 300밀리미터의 물안개를 가둘 수 있다고 한다. 그리고 국립타이완대학 대기과 연구팀은 쉐산산맥에 있는 관우지구의 물안개가 총 강우량의 3분의 1이나 된다는 사실을 발견했다. 수자원이 나날이 귀중해지는 지구온난화 시대에 운무대를 보존하고 육성하는 일은 삼림의 건강과 수문水文*의 순환에 특히나 중요한 역할을 할 것이다.

지역 기후의 차이, 지질사와 식물지리학 등의 요인으로 인해 타이

---

* 땅속을 흐르는 지하수 줄기.

1 중해발고도에 있는 펑충風衝숲의 능선. 타이완진달래를 흔히 볼 수 있는 왜림이다.
2 운무대는 전 세계적으로도 매우 진귀한 생태계다. 사진은 미국 서북부에 있는 세계유산, 올림픽국립공원의 온대 운무림.
3 운무가 매일 주기적으로 산지 운무림의 생물을 촉촉하게 적신다.

	2
1	3

완 산지의 운무림은 뚜렷한 다양성을 띠게 되었다. 운무림은 주로 대만가문비나무, 홍회, 편백, 타이완삼나무를 비롯해 중해발고도의 상수리나무 숲, 화산송, 진달래 등으로 구성되지만, 이들이 분포한 해발과 위도, 바다와의 거리, 산지의 위치와 경사, 계절풍과 항풍의 상호작용에 따라 구역마다 다른 모습을 보인다. 운무림 속 식물 군락과 동물에도 확연한 차이가 있다. 쉐산산맥 동쪽에 있는 치란 산간지대와 서쪽에 있는 다쉐산 산간지대를 예로 들어보자. 두 산간지대에서 우세한 수종은 홍회와 편백으로 같지만, 두 숲의 형상은 매우 다르다. 주로 동북 계절풍의 영향을 받는 치란 삼림의 나뭇가지는 선태류 더미로 두텁게 덮여 있고, 숲의 하층엔 뚫고 지나기 힘들 정도로 관목이 무성하다. 숲의 바닥은 산성 토탄 토층과 선태이탄*으로 덮여 있으며 흔히 보이는 착생란은 서늘한 곳을 좋아하는 엽란이다. 반면 다쉐산 운무림은 비교적 건조하고 서늘하다. 동북 계절풍과 서남 기류의 영향으로 계절 차이도 그다지 두드러지지 않는다. 숲의 하층부에 소관목이 빽빽하지도 않고, 땅과 나뭇가지와 잎에 쌓인 선태류 층도 비교적 얇다. 착생식물로는 비교적 건조함에 강한 고산융란高山絨蘭, Conchidium japonicum이나 콩짜개난이 자주 보인다.

바다와의 거리, 산괴의 체적까지 고려한다면 화롄현 슈린향에 있는, 타이완 연해에서 가장 가까운 1등 삼각점** 칭수이다산과 중양산맥의 핵심인 난터우현 베이둥옌산北東眼山이 대조적인 운무림을 보

* 주로 고층 습원에 자라는 물이끼류가 쌓여 이탄층이 된 것. 피트모스Peatmoss라고도 부른다.
** 삼각측량 시 기준이 되는 세 점으로, 측량 규모에 따라 1등급에서 4등급까지 나뉜다.

여주는 좋은 예다. 커다란 산괴의 가열 효과, 동북 계절풍의 영향 때문인지 칭수이다산의 식물(예를 들어 치라이복주머니난奇萊喜普鞋蘭, Cypripedium taiwanalpinum)은 다른 구역 식물에 비해 약 1000미터 아래에 분포되어 있다. 이곳의 운무림도 해발 1000미터 이하에 조성되어 있는데, 능선을 따라 자란 나무의 나무줄기는 비틀리고 키가 작은 편이며 선태류는 두텁다. 착생란 종류도 적다. 문헌에서 묘사되는 왜림矮林, Elfin forest 혹은 Dwarf forest* 같다. 반대로 베이둥옌산 운무림의 경우, 회목 숲을 이루기에는 강우량이 부족한 곳이지만 스키마 수페르바나 귀신참나무鬼櫟, Lithocarpus lepidocarpus 같은 활엽수종은 곧고 크게 자란다. 수관층 착생란도 그 종류가 다양하다.

타이완 남단에 있는 다우산大武山 보호구역의 쐉구이후 일대는 운무림의 또 다른 형태를 보여준다. 쐉구이후의 숲은 아열대 산지 운무림에 속하며 다양한 형태로 구성되어 있어 타이완삼나무, 우장牛樟, Cinnamomum kanehirae, 회목, 타이완진달래台灣杜鵑, Rhododendron formosanum, 모리참나무 등이 자라고 있다. 특히 타이완 고유종 식물이 많이 서식하고 있으며, 이 구역 착생식물의 대부분은 필리핀 군도나 인도차이나 반도에서 온 것들이다. 이런 예시로 보건대 타이완 운무림의 형태, 분포, 물종物種 구성은 매우 끈질기게 연구되어야 하는 식물지리학의 과제라고 할 수 있다.

앞서 적은 바와 같이 산지 운무림은 수문학적 특성상 비와 안개를 가둘 수 있고, 숲의 물 저장 능력도 끌어올릴 수 있다. 과거 연구를 보

* 키 작은 나무로 이루어진 숲.

면 운무림이 있으면 건기에도 강수량을 두 배 이상 보존할 수 있으며, 우기에도 숲의 물 저장량을 10퍼센트나 늘릴 수 있다. 이것만 보더라도 물과 토양에 있어 산지의 운무림이 얼마나 중요한 존재인지 확실히 알 수 있다.

운무대가 있는 산지 운무림은 물안개의 양분에 의존하며, 분포 면적이 대단히 좁다 보니 물종이 분리되는 환경이 조성된다. 그래서 섬에 있는 산지 운무림을 '섬 속의 섬Islands on islands'이라 표현하는 사람도 있는데, 이는 산지 운무림의 고유종 비율이 그만큼 높다는 뜻이다. 수많은 물종이 이런 환경에서만 생존할 수 있다 보니, 해당 종은 군락 규모가 작거니와 분포 지역도 매우 좁다. 내 연구 논문에도 미래의 온난화 시대에는 운무대 식물이 가장 먼저, 가장 큰 영향을 받을 거라는 내용이 담겼다.

기후변화는 운무대 생성 고도를 더 위쪽으로 밀어 올릴 수도 있고, 더 나아가 지금 있는 운무대를 더 건조하게 만들 수도 있다. 강수 형식에도 영향을 미칠 것이다. 최근 타이완에서 극단적인 강수 사건이 증가하는 것도 지구온난화 때문이라고 추측할 수 있다. 청궁대학 연구팀은 타이둥 지구에 있는 홍회의 나이테 샘플을 채취해 과거의 기후 조건을 조사했다. 그 결과 '최근 30년은 과거 500년 중 평균 강우량은 가장 적고, 극단적인 사건은 가장 많은 시기였다'! 타이완의 운무림 생태계가 커다란 위기에 직면해 있다는 사실은 이토록 명백하다.

과거 타이완에서 산지 운무림이 사라진 가장 주요한 원인은 벌채였다. 1989년 천연림 벌목 금지 이후 산림 파괴의 위험은 많이 줄었다지만, 지구의 기후변화도 운무림에 큰 충격을 줄 것이다. 상승하는 운무대로 인한 가뭄, 태풍 모라꼿으로 인한 기습 폭우 등 극단적인 기후 사건도 있지 않았던가. 진귀한 운무림 생태계가 제대로 지켜져서 우리의 자손에게도 보물로서 전해지기를 바라본다.

북회귀선에 있는 타이완은 산이 높고 숲이 많아 매우 다양한 생육지를 갖고 있다.
사진은 얼쯔산二子山의 산지 운무림에서 바라본 치라이의 설경이다.

거목을 찾아서

한 식물학자의 거대 수목 탐험 일기

초판인쇄 2023년 6월 16일
초판발행 2023년 7월 4일

지은이 쉬자쥔
옮긴이 김지민
펴낸이 강성민
편집장 이은혜
책임편집 박지호
제작 강신은 김동욱 임현식
마케팅 정민호 박치우 한민아 이민경 박진희 정경주 정유선 김수인
브랜딩 함유지 함근아 김희숙 고보미 박민재 정승민

펴낸곳 (주)글항아리 | 출판등록 2009년 1월 19일 제406-2009-000002호

주소 10881 경기도 파주시 심학산로10 3층
전자우편 bookpot@hanmail.net
전화번호 031-955-2696(마케팅) 031-941-5159(편집부)
팩스 031-941-5163

ISBN 979-11-6909-125-1 03480

www.geulhangari.com